Heilende *Energie des* Wassers

Charlie Ryrie

Heilende *Energie des* Wassers

Urania Verlags AG

A GAIA ORIGINAL

Redaktion	Katherine Pate
Design	Lucy Guenot
Produktion	Lyn Kirby
Redaktionsleitung	Pip Morgan
Leitung	Joss Pearson, Patrick Nugent

Fotos: David Cavagnaro, wenn nicht anderweitig ausgewiesen (s. Seite 155)

Wichtiger Hinweis
Autor und Verlag übernehmen keine Haftung für die Methoden, Ideen und Empfehlungen in diesem Buch. Beachten Sie stets die Warnhinweise, und konsultieren Sie einen Arzt, wenn Sie krank sind.

1. Auflage 1999

ISBN 3-908652-01-4

Titel der Originalausgabe: „The Healing Energies of Water", Gaia Books Limited, London

Übersetzt aus dem Englischen von Martin Rometsch
Cover: Gerd Aumann Kreativ Design, D-65207 Wiesbaden, unter Verwendung des englischen Originals von Gaia Books Limited, London
Satz: Fotosatz Amann, D-88317 Aichstetten

Printed in Italy

DIE BERATERIN: Jane Waters praktiziert Naturheilkunde und erforscht den Einfluß von Umweltfaktoren auf unsere Gesundheit. Sie leitet das Alternative Centre in London, eine Spezialklinik für die natürliche Behandlung von Hautkrankheiten.

Jane verbringt ihre Zeit teils in Belgien, teils in Frankreich und teils in Großbritannien. Oft macht sie auch Abstecher ans Tote Meer. Sie ist ein Gründungsmitglied der britischen Gesellschaft für ergänzende Medizin, deren 20 000 Mitglieder Naturheilkunde praktizieren. Jane nutzt ihre große Erfahrung, um auf der ganzen Welt für natürliche Heilweisen einzutreten. Außerdem arbeitet sie in einem multidisziplinären Team, das Heilverfahren entwickelt und heilende Umweltbedingungen fördert.

DER LEKTOR: Alan Hall ist der Autor von *Water, Electricity and Health*. Er hat viele Jahre als Ingenieur in der Industrie und als Lehrer gearbeitet, bevor er sich vor allem der Erforschung des Wassers widmete. In den achtziger Jahren gründete er den Live Water Trust in Gloucestershire, England, um die strukturellen und feinstofflichen Eigenschaften des Wassers und seine Rolle bei der Übermittlung von Informationen zu untersuchen.

WICHTIGER HINWEIS

Autor und Verlag übernehmen keine Haftung für die Methoden, Ideen und Empfehlungen in diesem Buch. Beachten Sie stets die Warnhinweise, und konsultieren Sie einen Arzt, wenn Sie krank sind.

Inhalt

Vorwort

von David Lorimer

Leiter des Scientific and Medical Network
Gibliston Mill, Colinsburgh
Leven
Fife
Schottland

Die Gegend um die Sieben Seen im Rilagebirge von Bulgarien wird mit Orpheus in Verbindung gebracht, dem mythischen Begründer des spirituellen Denkens im alten Griechenland. Man hat dort das Gefühl, ihn spielen zu hören und sich in einer heiligen Landschaft zu befinden, zusammen mit verborgenen Wesen, die über die Pilger wachen. Es gibt zwei Arten von Wasser: Quellen und Seen, und beide sprechen ihre eigene Symbolsprache. Die Quelle ist das wichtigste Symbol in den Schriften des bulgarischen Weisen Beinsa Douno (Peter Deunov, 1864-1944). In Sommerlagern der dreißiger Jahre war das Säubern und Anlegen von Quellen eine wichtige Aufgabe. Man benutzte den örtlichen Quarz, um Brunnen zu bauen, die Trinkwasser lieferten. Der faszinierendste dieser Brunnen besteht aus einem marmornen Händepaar, das klares Wasser spendet. Daneben befindet sich ein Schild, das den Reisenden auffordert, freigiebig wie die Quelle zu sein.

Die Quelle kann jedoch nur geben, was sie bekommen hat: Der Zyklus wird unterbrochen, wenn das Empfangen sich nicht im Gleichgewicht mit dem Spenden befindet. Dies ist die wichtigste Lehre der Quelle und der modernen Ökologie. Wenn die Berggipfel männliches Streben symbolisieren, sind die Seen nicht nur das Sinnbild weiblichen Empfangens und Bewahrens, sondern auch – wie die Namen zweier Seen andeuten – der Reinheit und der Kontemplation. Ihre transparente Stille sickert in die Seele und erfrischt und erneuert sie von Grund auf.

Dieses Buch erinnert nicht nur an die Heiligkeit des Wassers und an seine Bedeutung für unsere Gesundheit; es zeigt auch seine vielen Dimensionen auf und führt uns vor Augen, wie selbstgefällig der Mensch in den Industriestaaten mit dem Wasser umgeht, das für ihn selbstverständlich ist. Thales, ein Philosoph im alten Griechenland, lehrte dagegen, das Wasser sei die materielle Ursache aller Dinge, und Heraklit wies darauf hin, daß niemand zweimal in denselben Fluß gehen kann.

Große Kulturen und Städte wurden auf dem Wasser gebaut, und manche wurden zerstört, weil sie zu wenig oder zuviel davon hatten. Diese Kulturen waren sich ihrer Abhängigkeit vom Wasser bewußt und erzählten davon in ihren Mythen. Heute besteht die Gefahr – vor allem im Nahen Osten –, daß um das kostbare Wasser

Kriege geführt werden. Man denke nur an die strategische Bedeutung des Jordans und des Nils. Eine Botschaft dieses Buches lautet denn auch: Wir haben nicht nur unsere Verbindung mit der Erde, sondern auch und vor allem unsere Verbindung mit dem Wasser verloren, und wir müssen sie unbedingt wiederherstellen.

Wir neigen dazu, das Wasser allein naturwissenschaftlich und medizinisch zu betrachten. Wir messen es und behandeln es mit Chemikalien; aber wir machen uns keine Gedanken über seine Vitalität und seine entscheidende Bedeutung für die Gesundheit. Der Autor erläutert das Werk von Viktor Schauberger und Johann Grandner, die entdeckt haben, daß Wasser Lebenskraft speichert, wenn es sich spiralförmig bewegt. Ist das nicht der alte Vitalismus, den eine Biologie, die nicht einmal erklären kann, was Leben ist, längst verworfen hat? Wir kennen die Gefahren des stehenden Wassers und wissen den Wert des lebendigen Wassers für Gesundheit und Wohlbefinden dennoch nicht zu schätzen. Zu diesem Thema gibt es nur wenige, aber um so wertvollere Forschungsarbeiten. Ich glaube aber, daß die Wissenschaft allmählich ihren Standpunkt ändert und neue Fragen stellt.

Wir assoziieren das Wasser sowohl mit dem Leben als auch mit dem Tod. Das Evangelium spricht vom lebendigen Wasser der Wahrheit, und die Wassertaufe ist eine der wichtigsten christlichen Zeremonien. Wenn das Wasser Leben bringt, kann es auch den Tod bringen, und darum symbolisiert das Überqueren eines Flusses oft der Übergang von diesem Leben zum nächsten. Viele Menschen mit Nahtod-Erfahrungen berichten, daß diese Überquerung endgültig ist. Sie sind am Ufer geblieben wie Hermann Hesses Siddharta, der dem Fluß lauscht und begreift, daß er überall zugleich ist, an der Quelle und an der Mündung. Schließlich gibt er sich dem Fluß hin und ist vereint mit allem, was ist.

Wer dieses Buch gelesen hat, sieht das Wasser mit neuen Augen und begegnet ihm mit Hochachtung.

Fife, Scotland, Juli 1998

EINFÜHRUNG

Gaias Lebenssaft

Wodurch unterscheidet sich die Erde von anderen Planeten? Vor allem durch das Wasser. Gaia wurde daraus geschaffen und lebt davon. Wasser ist überall: Etwa 70 Prozent unseres Planeten sind mit Wasser bedeckt. Wir wurden darin geboren, und alles Leben hängt davon ab. Menschen bestehen zu ungefähr 75 Prozent aus Wasser, und sie brauchen es, um leben zu können. Wir sind Wassergeschöpfe.

Unser Leben und unsere Gesundheit, aber auch Gaias Leben und Gesundheit hängen völlig vom Wasser ab. Es enthält das gegenwärtige Leben, die Saat des künftigen Lebens und die Erinnerung an das vergangene Leben. Es ist die Mittlerin zwischen Leben und Tod, zwischen Sein und Nichtsein, zwischen Gesundheit und Krankheit. Doch irgendwann haben wir unsere enge Verbindung mit dieser lebenspendenden und lebenserhaltenden Substanz verloren.

Neugeborene enthalten 97 % Wasser, Erwachsene etwa 75 %. Das Gehirn des Menschen besteht zu 75 % aus Wasser, die Knochen zu 22 %, der Zahnschmelz zu 2 %.

Das liegt zum Teil an unserer Vertrautheit mit dem Wasser. Als die ersten Fotos von Gaia aus dem Weltraum übermittelt wurden, waren wir hingerissen von der unglaublichen Schönheit unseres Planeten, dieser strahlend blauen Kugel mit ihrer zarten, wirbelnden Atmosphäre. Wir sahen das blaue Wasser der Ozeane und die weißen Wolken, die endlos über den braunen Landmassen kreisen. Und dieser Ball schwebt im unendlichen schwarzen All. Heute sind solche Bilder nicht mehr ungewöhnlich, und für viele Menschen hat Gaia ihren Zauber verloren.

Die Natur ist ausgewogen. Jeder ihrer Teile harmoniert mit den anderen Teilen. Das Positive wiegt das Negative auf, Yin wiegt Yang auf, das Männliche wiegt das Weibliche auf. Die sichtbare Welt spiegelt die unsichtbare wider. Die Wassermenge in unserem Körper spiegelt die Wassermenge auf der Erde wider. Der Mensch ist also ein Spiegelbild der großen Welt: Wir sind winzige Mikrokosmen im Makrokosmos.

Auch das Wasser hat für die meisten Menschen seinen Zauber eingebüßt. Weil es überall Wasser gibt, halten wir es für selbstverständlich. Wir denken nicht mehr darüber nach und wissen es erst recht nicht mehr zu schätzen. Das Wasser, das überall auf der Welt aus den Wasserhähnen fließt, hat wenig gemeinsam mit dem kristallklaren, perlenden Wasser einer natürlichen Quelle, mit dem spiegelnden Wasser eines Bergsees oder dem tiefen Wasser eines uralten Brunnens.

Der moderne Mensch hat das Wasser zu einem Neutrum gemacht und es seiner wahren Natur beraubt. Anstatt es als heilig zu verehren, entehren und verschmutzen wir es. Die Quelle des Lebens wird derart ausgebeutet, manipuliert und verseucht, daß sie uns krank macht – also „reinigen" wir das Wasser mit Chemikalien und verwenden es immer wieder, ohne es vorher zu revitalisieren.

Wir alle sollten über den Zustand des Wassers nachdenken. Unsere Beziehung zum Wasser, das wir verbrauchen, ist doppelter Natur. Wir bestehen aus Wasser, und wir müssen es respektieren, damit es uns am Leben hält. Wenn wir mit dem Wasser falsch umgehen, wird es krank und macht alle Organismen krank. Wenn wir krankes Wasser trinken, schädigen wir unseren Stoffwechsel – er gerät aus dem chemischen und feinstofflichen Gleichgewicht. Das stört auch unser Gehirn, und wir reagieren ständig mit „Kampf oder Flucht". Das nennen wir Streß.

Die meisten Menschen sind sich der Probleme bewußt, die verschmutztes Wasser hervorruft, und sie wissen auch, daß der Mensch an der Umweltverschmutzung selbst schuld ist. Viele trinken heute Wasser aus Flaschen oder filtern das Leitungswasser, weil sie ihm nicht trauen. Aber die Qualität des verpackten Wassers ist ebenfalls fragwürdig. Wir wissen, daß es gefährlich ist, an bestimmten Stränden zu baden, und wir wissen auch, daß in manchen Teilen der Welt bereits eine dramatische Wasserknappheit besteht, weil die Menschen zu Hause und in der Industrie sorglos mit dem Wasser umgehen.

Vielleicht fühlen wir uns ohnmächtig angesichts dieser Probleme. Doch wenn wir uns die Zeit nehmen, über die wunderbare Substanz Wasser nachzudenken, begreifen wir, daß das Wasser die Quelle der Macht ist und daß wir selbst mächtig werden, wenn wir es achten.

Gaias Wasser

Die Wissenschaftler glauben, das Leben habe begonnen, als eine Supernova in der Milchstraße explodiert sei und sich aus einem Teil ihrer Atome ein neuer Planet gebildet habe: die Erde. Sie war anfangs extrem heiß und Millionen Jahre lang von einer dichten Wolke aus Methan, Ammoniak und Kohlendioxid bedeckt. Mit der Zeit verflüchtigte sich diese giftige Hülle ins All,

Wasser ist eine farblose Flüssigkeit,
die uns die Farben des Regenbogens zeigt.

Es hat keine Form, sondern gibt allem
eine Form.

Es ist Milliarden Jahre alt, und dennoch
verjüngt es sich selbst unaufhörlich.

Es steht am Anfang und am Ende
jedes Lebenszyklus.

Es sorgt für eine ständige Wechselwirkung
zwischen der Erde und allen anderen Planeten
im Kosmos.

Jeder Tropfen ist ein Mikrokosmos, der
Informationen aus uralten Zeiten und aus
Welten, die wir nicht verstehen, in sich birgt.

Es ist flüssig, fest und gasförmig.

Es ist allgegenwärtig.

Es ist der Schlüssel zu unserer Gesundheit, und
wir sind der Schlüssel zu seiner Gesundheit.

und die Erde kühlte ab. Eine neue Atmosphäre entwickelte sich, die vor allem aus Wasserstoff und Kohlendioxid bestand. Die Atome dieser Gase ordneten sich neu und bildeten Wasserdampf und Kohlenstoff. Daraus entstand Regen, als der Planet sich weiter abkühlte, und er dauerte einige Millionen Jahre. Wasser floß in jeden Spalt, füllte jeden leeren Raum, und der Prozeß des Lebens begann. Alle lebenden Wesen haben sich aus Kohlenstoff und Wasser entwickelt.

Die Erde ist mit 1337 Millionen Kubikkilometer Wasser bedeckt, das als Flüssigkeit; Dampf, Regen, Schnee oder Hagel den Planeten umkreist und Leben schafft und erhält. Flüssiges Wasser ist in ständiger Bewegung: in Bächen, Flüssen, Seen und Meeren, über und unter der Erdoberfläche, in Pflanzen und Tieren. Auch in der Atmosphäre gibt es gewaltige Ströme aus Wasserdampf.

An einem einzigen Sommertag kann ein Weidenbaum über 2272 Liter Wasser benötigen oder verlieren. Rund 25000 Kubikkilometer an Wasser fließen jährlich durch die Pflanzen an der Erdoberfläche. Das entspricht ungefähr der Wassermenge, die von allen Flüssen der Welt in die Meere transportiert wird.

Die Wolken tragen unaufhörlich Dampf über die ganze Erde und geben ihn als Regen ab. In diesem Augenblick ist etwa die Hälfte der Erde von Wolken bedeckt, und 1420 Kubikkilometer Wasser verdampfen täglich über dem Land und über den Meeren. Das Leben des Wassers ist zyklisch und rhythmisch, und es entfaltet sich seit dem Anfang unserer Welt.

Neben dem Wasser an der Oberfläche gibt es so viel unterirdisches Wasser, daß es die Erde 305 Meter hoch bedecken könnte. Dennoch steht uns nur ein Prozent des Wassers auf der Erde zum täglichen Gebrauch zur Verfügung. 97 Prozent befinden sich in den Meeren, 2 Prozent sind zu Eisbergen und Gletschern gefroren. In seinem festen Zustand – Eis, Frost, Schnee, Gletscher und Eisberge – kann das Wasser eine Stunde, eine Jahreszeit oder eine Milliarde Jahre verbleiben. Das eine Prozent Wasser, das wir nutzen, wird zu etwa 98 Prozent von der Industrie verbraucht; nur zwei Prozent davon ist Nahrung, die das Leben und die Gesundheit aller Kreaturen erhält. Da unser Leben vom Wasser abhängt, müssen wir sorgsam damit umgehen.

Wir kommunizieren mit dem Wasser auf verschiedenen Ebenen – auf der physikalischen Ebene, wenn wir einen Fluß, ein Meer oder einen Teich betrachten oder wenn wir trinken oder uns waschen; aber auch auf einer tieferen, unbewußten oder spirituellen Ebene. Jeder Mensch fühlt sich zum Wasser hingezogen. Wir sind uns dieses Bandes meist nicht bewußt, aber es ist sehr wichtig. Wasser ist nicht nur die Basis des Lebens, sondern verbindet auch Gaia mit anderen Welten.

Der nächste Stern, die Sonne, und unser Trabant, der Mond, lösen gemeinsam Ebbe und Flut aus, und die Schwerkraft der Erde verteilt das Wasser über die Ozeane. Wasser bewegt sich ständig, und jeder Tropfen spricht auf die Zugkraft der Sonne und des Mondes an. Selbst das Wasser in einer Teetasse hat ihre eigenen, winzigen Gezeiten, und auch das Blut in unseren Adern und das Wasser in unseren Zellen reagieren auf die kosmischen Kräfte. Wasser verbindet uns mit dem übrigen Universum.

Die uralte Geschichte von der Vertreibung aus dem Paradies erzählt von einem schönen, wasserreichen Land, das der Mensch verlassen mußte, um fortan in einem öden, trockenen Land zu leben. Dieser Mythos könnte die Auswanderung des Menschen aus einem nassen „Paradies" widerspiegeln.

Wir kommen aus dem Wasser

Seit es Menschen gibt, war das Wasser ein Teil ihres sich entwickelnden Bewußtseins. Manche Menschen glauben, diese Verbindung mit dem Wasser sei auf die Herkunft des Menschen aus dem Meer zurückzuführen. Uralte Spuren des Menschen wurden in einem einst von Wasser bedeckten Gebiet in den ostafrikanischen Senkungsgräben entdeckt. Vor etwa zehn Millionen Jahren zog sich das Wasser allmählich zurück, und die Wasserbewohner mußten das Land erobern, um zu überleben.

Wir haben mit den Meerestieren vieles gemeinsam, zum Beispiel das große Gehirn, die nackte Haut und den Orgasmus. Auch diese Tiere verständigen sich hauptsächlich mit der Stimme, und ihr Körperfett ist gleichmäßig unter der Haut verteilt. Letzteres ist nur für Geschöpfe sinnvoll, die regelmäßig schwimmen und dafür Auftrieb und Stromlinienform brauchen. Vielleicht haben Menschen ein größeres Gehirn als andere Primaten, weil sie sich lange aus dem Meer ernährt haben.

Das wohl am häufigsten genannte Indiz für unsere Vergangenheit im Meer ist die Tatsache, daß Neugeborene im ersten Lebensjahr im Wasser völlig glücklich sind. Sie bleiben ruhig und haben keinerlei Angst vor dem Ertrinken. Sie versuchen nie, unter Wasser zu atmen, und strampeln sich einfach an die Oberfläche, wenn sie untergehen. Natürlich könnte es auch sein, daß diese Babys sich einfach wie im Mutterleib verhalten.

Einerlei, welche dieser Theorien zutrifft, es besteht kein Zweifel daran, daß die moderne Lebensweise die meisten Völker auf Erden dem Wasser entfremdet hat. Wir mißachten seine symbolische Botschaft und nehmen ihm die Lebenskraft.

Uralte Weisheit, Arznei der Zukunft

Im Zyklus der Natur verwandelt sich Wind in Regen, Regen in Erde, Erde in Wasser und Wasser in Wolken. Die Konstante in all diesem Wandel ist das Wasser. Vor Jahrhunderten lebte der Mensch mitten in der Natur und wußte, wie gesund und belebend Regen, fließendes Wasser und Wasserfälle sind. Die Menschen anerkannten und verehrten die Kräfte des Wassers. Heute haben die meisten Menschen keinen Kontakt mehr mit den Elementen – doch unbewußt sehnen sie sich nach einer natürlichen Umwelt.

Der Streß, unter dem wir leiden, ist teilweise auf unsere Auflehnung gegen eine unnatürliche Lebensweise zurückzuführen. Die Natur, die spirituelle Wirklichkeit und alles, was unsere „fünf Sinne" nicht erfassen können, sind uns fremd geworden. Wir haben gelernt, skeptisch gegenüber Phänomenen zu sein, die nicht „wissenschaftlich bewiesen" sind.

Die traditionelle Wissenschaft neigt dazu, Phänomene aus einem linearen und reduktionistischen Blickwinkel zu betrachten. Das ist nicht die beste Methode, um die Wahrheit über das Wasser, eine ganzheitliche Substanz, zu entdecken. Jede Phase des Wasserkreislaufs spiegelt die anderen Phasen wider, aber keine Phase ist wichtiger als die anderen. Wasser ist die Voraussetzung für jeden Lebenszyklus, und darum hat es nichts Lineares an sich.

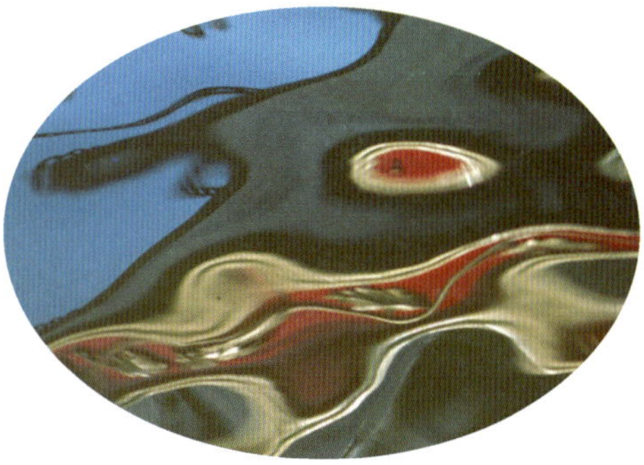

Als die Astronauten zum erstenmal aus dem Weltraum auf unseren Wasserplaneten herabblickten, sahen sie eine Kugel mit einer sich ständig verändernden Hülle aus Wasserdampf. Wenn Sie einen Wassertropfen unter dem Mikroskop betrachten, sehen Sie die gleichen Bewegungsmuster. Wir können einen Fluß nicht verstehen, wenn wir alle seine Aspekte isoliert untersuchen: die Physik, die Chemie, die Biologie und die Geologie. Alle Aspekte sind nämlich miteinander verbunden.

Die alten Kulturen haben das Wasser viel besser verstanden als wir. Sie haben reines Wasser immer geschätzt. Die alten Chinesen sammelten Gletscherwasser in Jadevasen; Inkas und Azteken gossen Wasser in Krüge aus Obsidian; Schamanen in Afrika benutzten Gefäße aus Quarzkristall. Die moderne Wissenschaft bestätigt, daß die Mineralien in diesen Behältern das Wasser beeinflußten, da ein hoher Gehalt an Kieselerde dem Wasser hilft, seine Struktur aufrechtzuerhalten und sauber zu bleiben. Diese Völker brauchten das Wasser nicht zu analysieren, um seine Eigenschaften zu kennen – sie *wußten*, daß Wasser in bestimmten Gefäßen rein und gesund bleibt. Sie *wußten*, daß Wasser, wenn es sich ständig bewegt, seine Umwelt beeinflußt und von ihr beeinflußt wird. Sie brauchten keine wissenschaftlichen Instrumente, um herauszufinden, daß Wasser physikalische und feinstoffliche Information oder Energie aufnimmt, speichert und weiterleitet.

Wenn Sie einen Stock in einen stillen Teich werfen, wenn eine Fliege auf der Oberfläche landet, ein Fisch aus dem Wasser guckt oder eine Ente taucht, kräuselt die Oberfläche sich kurz. Wellen breiten sich aus, werden kleiner und verschwinden. Wellen sind Schwingungen, deren Frequenz sich von der des übrigen Wassers unterscheidet. Sie befördern Botschaften vom Ort der Störung zum größeren Ganzen. Eine Welle ist ein Energiekanal, der die Energie des Wassers verändert.

Das ist offensichtlich, weil wir es sehen können. Dennoch behaupten wir an der Schwelle des dritten Jahrtausends, die Rolle des Wassers als Kanal feinstofflicher Energie sei eine neue Entdeckung. Langsam begreifen wir, daß das Leben die Folge von Schwingungen

ist, die etwas mit Resonanz und Magnetfeldern zu tun haben. Wasser ist der Kanal, der die Weiterleitung wichtiger Informationen in jede Zelle und aus jeder Zelle ermöglicht. Im nächsten Jahrhundert könnte das Wasser erneut zu einem „Allheilmittel" werden. Aber wenn wir seine Heilkraft neu entdecken wollen, müssen wir versuchen, es zu verstehen.

Wasser war die Grundlage der klassischen Medizin in Ägypten, Indien, China, Assyrien und Griechenland. Diese Medizin untersuchte die Wechselbeziehungen zwischen dem Individuum und dem Kosmos, die einander widerspiegelten. In der chinesischen Medizin ist das Wasser der Schlüssel zu den fünf Elementen: Holz entsteht aus Wasser, weil Wasser das Wachstum der Pflanzen fördert; Feuer lebt von Holz; Erde kommt vom Feuer; Metall kommt aus der Erde; Wasser entsteht aus Metall (Kondensation). Wasser verbindet die fünf Ebenen der menschlichen Existenz: Körper, Lebensenergie, Gefühle, Verstand und Geist. Es ist der Lebenssaft, der Träger der Lebensenergie. Ohne gesundes Wasser können wir nicht gesund sein.

Das höchste Element

Die alten Griechen verehrten das Wasser als Medium jedes elementaren Wandels, als höchstes der vier Elemente, aus denen die Welt besteht. Wasser war zusammen mit dem Feuer ein Hauptelement der Magie und der Alchimie. Das Feuer war keine greifbare Flamme, sondern etwas Subtiles, ähnlich wie die Elektrizität. Die feste Form des Wassers finden wir in Bächen, Flüssen und Meeren; aber in der Alchimie ist der Magnetismus die subtilste Form des Wassers. Wir haben erst angefangen, die Bedeutung der Elektrizität und des Magnetismus für die Gesundheit zu begreifen; ältere Überlieferungen *wußten* davon. Wir fangen erst an zu lernen – oder neu zu lernen –, welche Rolle das Wasser bei der Übermittlung des Elektromagnetismus spielt.

Im Laufe von Jahrhunderten haben wir uns immer mehr von unserer natürlichen Umwelt entfernt. Eine zunehmende Neigung zum Rationalismus hat dazu geführt, daß wir mißtrauisch gegenüber dem Spirituellen und der Religion sind und nichts glauben wollen, was der linearen Wissenschaft fremd ist. Aber das Rationale und das Spirituelle brauchen keine Gegensätze zu sein. Die Japaner, die wohl technisch am weitesten fortgeschritten sind, haben seit Jahrtausenden eine enge Verbindung mit dem Wasser und sehen keinen Widerspruch zwischen der Wissenschaft und dem Spirituellen.

Wasser ist viel mehr als eine materielle Substanz mit spezifischen, wissenschaftlich erforschten Eigenschaften und Fähigkeiten. Es ist eine mysteriöse Kraft, von der alles Lebendige abhängt. Wasser ist ein mächtiger Träger, Vermittler und Produzent von Energie. Es kann physikalische Elemente und subtile Energien verbinden, umwandeln und speichern, und es wirkt auf der materiellen wie auf der spirituellen Ebene.

Das kulturelle Erbe des Westens betont die Trennung der materiellen und der spirituellen Welt. Doch selbst aus dem weltlich gesinnten Nordeuropa pilgern jährlich Zehntausende von Menschen nach Lourdes und anderen Wallfahrtsorten, weil sie an die Heilkraft des Wassers glauben. Riten, die mit Wasser zu tun haben, werden auf der ganzen Welt abgehalten. Tief im Inneren wollen wir alle ein Gleichgewicht zwischen dem materiellen und dem spirituellen Teil unseres Lebens herstellen.

Für die Menschen, die auf wissenschaftliche Beweise nicht verzichten wollen, ist es besonders faszinierend, daß die moderne Wissenschaft am Ende des 20. Jahrhunderts die Wirkung uralter Heilverfahren erklären kann. Wir wissen heute, daß es subtile Energien gibt, zum Beispiel das elektromagnetische Feld, das uns einhüllt, die Energie, die durch unseren Körper strömt, die Schwingungen, die unsere Lebensprozesse beeinflussen. So wie die früheren Lebensphasen des Wassers sich auf seine gegenwärtige Phase auswirken, sind die alten Lehren von den Kräften des Wassers heute für uns oft der Schlüssel zu größerem Verständnis.

Das Wasser ist ein Spiegel der Gesellschaft, weil es alles reflektiert, was wir hineintun. Heutzutage spiegelt das Wasser auf Erden zu oft eine kranke Gesellschaft wider, die wir selbst verunreinigt haben. Aber das können wir ändern. Dieses Buch lädt Sie ein, die Magie des Wassers und des Lebens kennenzulernen. Wenn Sie das Wasser würdigen und gut behandeln, können Sie gesund werden.

KAPITEL EINS

Heiliges Wasser

Wenn wir uns die Zeit nehmen, über das Wasser nachzudenken, wird uns klar, daß es eine magische Substanz ist, die für jeden Menschen eine spezielle Bedeutung hat. Leider denken nur wenige Menschen darüber nach, und die Kluft zwischen der alten und der modernen Einstellung zum Wasser wurde im Laufe der Jahrhunderte immer größer. Manche Kulturen, zum Beispiel die Cherokee-Indianer, verehren die Erde heute noch so, wie sie es immer getan haben. Wasser ist für sie das Blut der Erde, und die Bäche und Flüsse, die von den Bergen herab in die Täler strömen, sind Arterien und Venen. Fragen wir dagegen unsere Kinder, was sie vom Wasser wissen, antworten sie wahrscheinlich, das sei etwas zum Trinken und komme aus dem Wasserhahn. Ein gebildeter Erwachsener beschreibt vielleicht die physikalischen Eigenschaften des Wassers und bezeichnet es als farblose Flüssigkeit und als „wissenschaftliche Anomalie". Gewiß, das ist alles richtig – aber es ist viel zu wenig.

Kulturen, deren Grundlage der Ackerbau ist, bitten die Götter um reichlich Wasser. Riten, die Regen bringen sollen, sind bei den meisten Naturvölkern üblich. Die Angoni und die Baronga in Afrika singen für die Wassergötter derbe Lieder. Im Kaukasus spannen Mädchen sich vor einen Pflug und ziehen ihn zu einem ausgetrockneten Flußbett. In Transsylvanien setzen sie sich nackt auf eine Egge. In Südindien fangen die Frauen einen lebenden Frosch und binden ihn an einen Fächer.

Wenn wir die Frage ein wenig abändern und uns nach der Einstellung zum Wasser erkundigen, erfahren wir mehr darüber, wie das Wasser uns auf vielen Ebenen beeinflußt. Für uns ist es selbstverständlich, daß wir uns nach einem Bad wohler fühlen. Ein Badezimmer ist oft eine Art Heiligtum, in das wir uns zurückziehen, den Streß des Alltags vergessen und das Wasser genießen können. Wir spüren die Wellen auf der Haut und hören bei jeder Bewegung plätschernde Geräusche. Wir denken nicht darüber nach; wir wissen einfach, daß ein Bad heilen kann.

Unsere Verbindung mit dem Wasser

Wir wissen, daß ein Spaziergang am Meer oder an einem rauschenden Fluß oder zwischen Springbrunnen uns erfrischt. Wir wissen auch, daß Wasser das erquickendste Getränk ist, wenn wir Durst haben. Wir trinken ein Glas Wasser, wenn wir zuviel gegessen oder zuviel Alkohol getrunken haben. Wie wissen, daß es angenehm ist, sich von sanftem Regen berieseln zu lassen und die Tropfen auf der Haut zu spüren. Und wir wissen, daß Kinder vom Wasser fasziniert sind: Sie wollen mit dem Wasser und im Wasser spielen, sie lieben seine Bewegungen, sie spüren es gern, sie sind begeistert davon, weil es Dinge naß macht. Wenn wir an Entspannung oder Erholung von der Arbeit denken, kommt meist Wasser ins Spiel: ein Abstecher ans Meer, ein Besuch im Schwimmbad, ein Spaziergang am Seeufer, Urlaub auf einer Insel, eine Bootsfahrt, Wassersport, Angeln, Spaß mit Delphinen... Venedig ist eine der am meisten besuchten Städte der Welt, und die Niagarafälle sind ein Wunder der Natur. Würden die Menschen Kontinente überqueren, um diese Wasserfälle zu sehen, wenn sie ausgetrocknet und versandet wären?

Wir alle wollen mit dem Wasser verbunden sein, aber wir sind uns seiner tiefgreifenden Anziehungskraft nicht bewußt. Im Laufe der Jahrhunderte haben wir seltsamerweise unsere innigsten Gefühle für unsere Umwelt verloren. Wir unterscheiden physikalische, praktische, emotionale und religiöse Aspekte unseres Lebens.

Rückkehr zum Heiligen

In unserer hektischen Gesellschaft wünschen sich viele Menschen die Rückkehr des Heiligen in unseren Alltag, damit wir uns wieder mit der Welt als Ganzes verbinden können. Wir spüren, daß in unserem Leben etwas fehlt, aber wir wissen nicht, wo wir es finden. Einst waren die Menschen sich darüber einig, was heilig oder spirituell ist. Heute haben wir verschiedene Vorstellungen davon. Manche setzen das Spirituelle mit dem Religiosen gleich, andere, vor allem im Westen, betrachten es als Ausdruck der Frömmigkeit in Form von religiösen Riten oder Veranstaltungen, und einige sehen darin eine spezielle Verhaltensweise, die mit dem Alltag nichts zu tun hat. Manche Kulturen haben erkannt, daß wir auf das moderne Leben nicht verzichten müssen, um das Heilige zu erfahren. Es ist beispielsweise nicht ungewöhnlich, daß ein Hindu an einem heiligen Ort ein Bad nimmt und dabei in einer Hand ein Radio hält, um die neusten Cricket-Ergebnisse zu hören. Auch das Alltägliche und Normale kann heilig sein. Alles verdient unseren Respekt. Diese Idee steht in vielen Religionen des Ostens im Mittelpunkt, und es ist kein Zufall, daß viele Völker des Orients vor dem Wasser eine viel größere Achtung haben als wir im Westen. Die Gesellschaften des Ostens und des Westens haben sich zwar aus vergleichbaren Wurzeln entwickelt, aber in den vergangenen zweitausend Jahren ganz andere Wege eingeschlagen, obwohl es immer einen Gedankenaustausch zwischen beiden gegeben hat. Während der Westen jahrhundertelang nach wirtschaftlicher Vorherrschaft strebte, ist das Interesse an den Religionen des Ostens in den letzten Jahrzehnten gewachsen, und wir sehnen uns wieder nach Spiritualität. Wenn ich von der Heiligkeit des Wassers spreche, meine ich nicht nur bestimmte Vorstellungen vom Wasser oder bestimmte heilige Orte. Ich möchte meine Leser auch ermutigen, das Wasser als die magische, mysteriöse und allmächtige Substanz zu betrachten, die uns das Leben schenkt. Wie wir in den Wald hinein rufen, so schallt es heraus. Wenn wir mit dem Wasser respektvoll umgehen, werden wir großzügig dafür belohnt. Im 16. und 17. Jahrhundert erlebte die westliche Gesellschaft einen radikalen Wandel: Das Zeitalter der Vernunft begann, dessen Höhepunkt die Forderung war, Wissenschaft und Religion zu trennen. Vorher sahen selbst die Menschen im Westen die Welt mit anderen Augen. Sie trennten die Elemente nicht, sondern wußten, daß Himmel und Erde miteinander verbunden sind. Sie wußten, daß es wichtig ist, die Erde gut zu behandeln, und sie akzeptierten Religion und Spiritualität als festen Bestandteil ihres täglichen Lebens. Sie achteten die Gottheiten und die Elemente und stützten sich dabei nicht auf empirische Beweise, sondern auf die praktische Erfahrung und auf ein tiefes, intuitives Verständnis. Das Mysteriöse war ein Teil des Lebens. Wenn die Menschen die Mysterien des Lebens leugnen, können sie ihr Potential nicht voll ausschöpfen. Vielleicht ist ein großer Teil der Umweltverschmutzung und des Stresses in unserer Gesellschaft darauf zurückzuführen, daß wir Vernunft und Spiritualität, das empirisch Beweisbare und das Mysteriöse, voneinander trennen. Das Leben vieler Menschen wird immer komplizierter und hektischer. Sie versuchen, den Anforderungen des Berufes und der Familie gerecht zu werden und sich dennoch selbst zu entwickeln – und dabei stehen sie unter enormem Druck und müssen viele Erwartungen erfüllen. Kein Wunder, daß viele von ihnen Heilung beim Wasser suchen. Wir alle brauchen Wasser, um leben und atmen zu können; aber wir brauchen es auch auf der emotionalen und spirituellen Ebene. Jeder Mensch kann einen Dialog mit dem Wasser führen, der die materielle mit der mysteriösen Welt verbindet.

Seit Jahrtausenden verehren die Menschen den Ganges (gegenüber). So wie der Nil in der Religion der alten Ägypter dominierte, ist der Ganges, der vom Himalaya durch die nordindische Ebene zur Bucht von Bengalen fließt, seit vorgeschichtlicher Zeit ein Objekt der Volksfrömmigkeit. Nach der Geburt des Hinduismus entstanden viele Mythen über die Quelle des großen Flusses. Die Hindus glauben, daß Wischnu die 60000 Söhne des Königs Sagar wegen ihres Hochmuts verbrannte und daß die Göttin Ganga vom Himmel stieg, um die Asche zu reinigen. Ort dieser Zeremonie war das Delta in der Bucht von Bengalen. Sie schuf einen großen Fluß, um die Erde zu läutern und die Seelen der Verbrannten zu befreien. Nach ihr wurde der Fluß benannt. Seither huldigen die Hindus dem Ganges und glauben, ein rituelles Bad in diesem Fluß säubere sie von allen Sünden. Wer im Fluß untertaucht, wird als Gott wiedergeboren.

Heilige Anfänge

Wasser existiert seit Anbeginn der Zeit. Es hat die Fähigkeit, Leben zu spenden und zu erhalten und den Tod in neues Leben zu transformieren. In der Geschichte der Menschheit war das Wasser immer ein Symbol des Lebens und des Mysteriösen.

Wasser und Leben waren einst untrennbar. Jede alte Kultur verehrte das Wasser. Das Wort *mar* bedeutete in Sumer „Meer", aber auch „Gebärmutter". Das Wort für Wasser war *a*, und das bedeutete auch „Sperma", „Empfängnis" und „Zeugung". Das hebräische Ideogramm *mem* wird mit „Mutter", „Gebärmutter", „Leben" und „Meer" übersetzt. „Alles war Wasser", heißt es in einem hinduistischen Text, und in tantrischen Handschriften ist das Wasser *Prana*, der Lebensatem. Wasser und Leben waren ein und dasselbe.

Flüsse und heilige Gewässer haben die Menschen immer zu Opfern verlockt. In Kulturen, deren Basis der Ackerbau ist, gibt es solche Riten heute noch, weil das Wasser über Tod oder Leben entscheidet. Die Massai in Westafrika werfen jedesmal, wenn sie einen Fluß überqueren, eine Handvoll Gras ins Wasser, und die Buganda in Zentralafrika opfern Kaffeebohnen.

Wasser geht allen Formen voraus und nährt die ganze Schöpfung. Mythen aus allen Kulturen erzählen, daß die Welt aus dem Wasser entstanden ist. In sumerischen, akkadischen und babylonischen Schöpfungsgeschichten wird die Erde nach der Vereinigung von Apsu und Tiamat geboren. Apsu symbolisiert das Urchaos aus Süßwasser, das als breiter Strom um die Sterne fließt; Tiamat ist das salzige Meer. Die Chaldäer und Perser verehrten die Göttin Anahita, die personifizierte Erde. Sie entstand aus dem Samen, der dort hervorquoll, wo der Fluß, der um die Erde fließt, den Sternen begegnet.

Die Mythologie der Hindus kennt viele Schöpfungsgeschichten, in denen das Wasser die wichtigste Rolle spielt. In einer Version treibt Narayana friedlich auf einem Meeresgeschöpf im kosmischen Ozean, und aus seinem Nabel – dem Zentrum seines Seins – wächst der Baum des Lebens. Ein anderer Mythos ersetzt den Baum durch eine Lotusblume, aus deren Mitte Brahma geboren wird. In einer dritten Geschichte liegt Wischnu auf einer kosmischen Schlange, die auf dem Urwasser schwimmt, und erschafft die Erde kraft seines Willens. Nach einer anderen Version taucht er in die Tiefe des Wassers und holt die Erde aus dem Abgrund herauf.

Ähnliche Mythen finden wir in Europa und Nordamerika. Einige Indianerstämme glauben, der Schöpfer habe Tiere hinab auf den Grund des Meeres geschickt, um den Schlamm heraufzuholen, aus dem er die Erde geformt habe. Die Indianer der großen Ebenen glauben, alles sei still gewesen, bis „der Alte“ auf einem Floß gekommen sei und die Erde kraft seines Willens aus dem Wasser geschaffen habe. Die Pima-Indianer in Neumexiko erzählen, ein Tropfen sei aus einer Wolke gefallen und habe Mutter Erde befruchtet.

Ein japanischer Mythos schildert, wie ein riesiger Karpfen im grenzenlosen Meer so heftig mit dem Schwanz schlug, daß die Erde aus den Schockwellen entstand. In chinesischen Schöpfungsmythen symbolisiert das Wasser das Urchaos, die Gesamtheit der Möglichkeiten, die das Leben hatte.

Die Griechen hatten eine Vielzahl von Wassergottheiten und damit verbundene Mythen. Darin ist das Wasser das Symbol der Liebe und der Macht, der Geburt und der Schönheit, aber auch der Zerstörung. Ein Mythos beschreibt die Geburt der Aphrodite, der Göttin der Liebe und der Schönheit. Ihr Vater Uranos (der Himmel) und ihre Mutter Gaia (die Erde) symbolisieren zusammen den großen Strom, der um die Erde fließt. Als Uranos die Gaia mißhandelt, kastriert ihn sein Sohn Kronos und verstreut seinen Samen auf dem Ozean. Der Same treibt auf den Wellen und wird zu dem Meeresschaum, aus dem Aphrodite geboren wird.

Seite 30: Nut, bei den alten Ägyptern die Himmelsgöttin und Beschützerin der Toten, steht neben dem Baum des Lebens und gießt Wasser in die Hände und in den Mund von Mespaquatschuti (Papyrus um 900-800 v. Chr.).

Seite 31: Waruna, der Mondgott der Hindus, der für die Jahreszeiten und den Regen sorgt, sitzt auf einer Lotusblüte, die von Schlangen ins Wasser gesenkt wird. Der Mond speichert das Soma, die himmlische Flüssigkeit, und ist zugleich das Totenreich.

Ist Wasser selbstverständlich?

Der Zusammenhang zwischen Fruchtbarkeit und Wasser ist offensichtlich; aber die Menschen in den modernen Industriestaaten, die dem Land und den Jahreszeiten entfremdet sind, vergessen diese Verbindung oft. Sie beklagen sie sich über den Regen, weil er ihre Pläne stört, und wenn es nicht regnet, schränken die Behörden den Wasserverbrauch ein, und die Leute, die einen Garten haben, beschweren sich lautstark – sobald es um ihre eigenen Belange geht, begreifen sie, daß es ohne Wasser keine Fruchtbarkeit gibt.

Da wir das Wasser seit langem für etwas Selbstverständliches halten, müssen wir – auch im industrialisierten Westen – damit rechnen, daß wir eines Tages nicht mehr genügend sauberes Wasser haben, um uns und unsere Umwelt gesund zu erhalten. Wir respektieren das Wasser nicht mehr, und solange wir in diesem Irrtum verharren, sind wir und unser Planet bedroht.

Wasser und Transformation

Wasser birgt Leben und Tod in sich. Sein Lebenszyklus beginnt unter der Erdoberfläche, später fällt es als Regen in die Erde zurück – es transformiert den Tod, damit das Leben neu beginnen kann.

Wenn Sie in der Nähe eines Flusses leben, respektieren Sie ihn. Sie wissen, daß die Landschaft sich verändert und das Leben bedroht ist, wenn der Fluß über seine Ufer tritt. Sie wissen aus bitterer Erfahrung, wie sehr Ihr Leben sich verändert, wenn Ihr Haus überflutet oder zerstört wird. Und Sie wissen, daß das Wasser sein Eigenleben hat, weil Sie mit all seinen Aspekten vertraut sind. Die Macht des Wassers und seine Fähigkeit zu kommunizieren ist Ihnen bekannt.

Hoch- und Tiefbauingenieure haben Methoden entwickelt, die Gefahren des Wassermangels oder –überschusses auf ein Minimum zu reduzieren: Dämme, Bewässerungssysteme und Wasserleitungen. Heute nutzen wir Wasserwege nicht mehr so intensiv für den Transport wie früher. Unsere täglichen Bedürfnisse hängen daher nicht mehr so sehr von natürlichen Gewässern ab. Stellen Sie sich vor, die Flüsse wären – wie zur Zeit unserer Ahnen – die Hauptquelle des Lebens, der Gesundheit und der Fruchtbarkeit, der Kommunikation und des Transports und sie würden zugleich durch Überschwemmungen unser Leben bedrohen. Dann würden wir sie gewiß schätzen und als lebende Wesen anerkennen.

Wenn Menschen naturverbunden sind, hängen sie von den Elementen ab und respektieren das Wasser als lebenspendende und lebensbedrohende Kraft. Große Flüsse galten in vielen Kulturen als heilig. Der Nil war der Mittelpunkt der altägyptischen Religion, und später verehrten ihn auch die Griechen und Römer. In Indien gelten viele Flüsse heute noch als heilig, ganz besonders der Ganges.

Überschwemmungen galten oft als besonders heilig, als Symbol der Reinigung und der Rückkehr zu einem urtümlichen, formlosen Zustand mit darauffolgender Wiedergeburt. Viele alten Kulturen glaubten, das größte Opfer, das sie einem Gott bringen könnten, sei das Ertrinken in einer Flut oder in einem Fluß, also die Vereinigung mit dem Flußgott.

Das andere Ufer

Wasser wurde schon immer mit dem Leben, aber auch mit dem Tod assoziiert. Es ist das transformierende Element, und viele Flüsse existieren nur im Mythos, nämlich als Gewässer, die man auf dem Weg in die andere Welt überqueren muß. Buddhisten und Taoisten glauben, der Mensch müsse das große Wasser überqueren, um das Nirwana zu erreichen, und einige Stämme in Westafrika erzählen, daß die Toten über drei Flüsse gebracht werden, die unsere Welt von der anderen trennen. Die Yoruba begraben Verstorbene in Kanus, um sie auf diese Reise vorzubereiten. In einigen Kulturen ist das Wasser heute noch ein mächtiges Todessymbol. Bei ihnen ist die Totenwaschung eine rituelle Handlung, welche die Seele von Sünden reinigen soll, bevor sie in die andere Welt eintritt. Viele Indianerstämme stellen eine Schale mit Wasser neben Sterbende, damit ihre Seele den vergänglichen Körper verläßt und in das Wasser taucht, um von dort aus wiedergeboren zu werden. Sie wissen instinktiv um die Allgegenwart des Wassers und wollen sich mit ihm vereinigen.

Die Bestattung im Ganges ist immer noch ein wichtiger Teil der hinduistischen Kultur. Fromme Hindus schicken die Leichen oder die Asche ihrer Angehörigen über die Kontinente, damit sie im heiligen Fluß die letzte Ruhe finden. An den Ufern des Ganges bei Benares brennen Tag und Nacht Scheiterhaufen, und nach der Verbrennung wird die Asche in den Ganges gestreut. Dann ist die Seele frei von den Sünden, die sich in ihren bisherigen Leben angesammelt haben. Pilger strömen zu Tausenden zum Fluß, um ihn zu verehren und in sein Wasser zu tauchen.

Die Taufe

Heiliges Wasser ist heilendes Wasser. Es kann symbolisch und in manchen Fällen auch physisch heilen. Die Taufe, das universelle Symbol der Läuterung und der Regeneration, wurde von der Großen Weißen Bruderschaft in Ägypten eingeführt. Ein Avatar (er entspricht einem Priester, der seiner Gemeinde den Weg zu Gott zeigt) hatte während der Meditation erkannt, daß Wasser den Menschen körperlich und spirituell reinigt. Das Ritual wurzelt auch im Schintoismus, im Konfuzianismus und im Hinduismus, die durch Bäder in heiligem Wasser symbolisch Sünden abwaschen. Erst nach der Taufe durch Johannes war Jesus bereit, seine Aufgabe auf Erden als Sohn Gottes zu erfüllen – als habe der magische Kontakt mit dem Wasser sie ihm übertragen.

In der westlichen Kultur des 20. Jahrhunderts ist die Taufe wohl der einzige mit Wasser verbundene Ritus, der noch einen offensichtlichen spirituellen Aspekt hat. Sie symbolisiert Wiedergeburt und die Zugehörigkeit zu einer Gemeinschaft; sie verschafft Zugang zu unbekannten, aber ersehnten Mysterien, und sie verheißt ein Leben nach dem Tod und somit Unsterblichkeit.

Bei der Taufe streut man dem Kind oft Salz auf die Lippen. Es symbolisiert körperliche und seelische Gesundheit und vertreibt die Mächte der Finsternis.

Viele Menschen gehen nie in die Kirche, bestehen aber darauf, daß ihre Kinder von einem Priester getauft werden, obwohl die Taufe für ihr tägliches Leben offenbar keine Bedeutung hat. Man könnte darin eine Parodie eines uralten Rituals sehen. Dennoch scheint es, als glaubten die Eltern tief im Inneren, das Wasser könne ihr Kind irgendwie vor bösen Kräften schützen. Allerdings wollen manche Leute zur Taufe nicht in die Kirche gehen.

Ein englischer Pfarrer wurde so oft aufgefordert, ein Kind zu Hause in der Badewanne zu taufen, daß er schließlich resigniert seinen Beruf aufgab.

Warum hängen wir noch an diesen Bräuchen? Anscheinend haben wir das Bedürfnis, unsere spirituelle Natur anzuerkennen, und wünschen uns verzweifelt, einen tieferen Sinn im Leben zu finden. Ein Ritual wie die Taufe hat eine so starke Wirkung, daß die Menschen es immer noch vollziehen wollen, obwohl seine Symbolik ihnen auf der bewußten Ebene kaum noch etwas bedeutet.

Heiliges Wasser

Trotz kultureller Veränderungen in vielen Gesellschaften glauben die Menschen immer noch an „heiliges Wasser“. Die Suche nach ihm hat nie aufgehört, und ganze Städte sind um Quellen und Brunnen herum gewachsen. Wasserkulte gibt es überall auf der Welt.

Der römische Philosoph Seneca sagte: „Wo eine Quelle entspringt oder Wasser fließt, sollen wir Altäre bauen und opfern.“

Wasser kann ein Segen oder eine Katastrophe sein, und darum muß man es verehren. Die Geister einer Quelle galten meist als gutmütig, die Geister des fließenden Wassers eher als launisch. Zu verschiedenen Zeiten finden wir an verschiedenen Orten fast identische Vorstellungen. Polynesier, Afrikaner und sogar Europäer glauben, man dürfe nicht in fließendes Wasser schauen, weil man dabei in das Auge Gottes oder in die eigene Seele blicke. Und wer von seinem Spiegelbild träumt, träumt von seinem Tod.

Zahlreiche Mythen handeln von verführerischen Sirenen, Meerjungfrauen, Nixen und Feen, schönen weiblichen Wesen, die darauf warten, unvorsichtige junge Männer in die Tiefe zu ziehen. Quellen, Brunnen und Teiche wurden meist von hilfreicheren Wesen bewohnt, die oft die Sehergabe besaßen.

Bei den Kelten war der Wasserkult besonders verbreitet; doch die Kirche verbot die Riten, weil sie glaubte, sie lenkten die Menschen von der christlichen Botschaft ab. Dennoch anerkannte sie die Verlockung des heiligen Wassers und baute ihre Kirchen oft neben Quellen und Brunnen. Das heilige Wasser beanspruchten sie dann für sich selbst.

Einst war es üblich, vor allem in England, dem Geist einer Quelle für das reine Wasser zu danken. Jeden Sommer schmückten die Menschen ihren Brunnen mit Blumen und anderen Gaben. Oft schufen sie daraus kunstvolle Bilder. Dieser Brauch hat sich in Tissington, Derbyshire, bis heute erhalten.

Wasserkulte sind nie ausgestorben. Allerdings gingen sie oft im allgemeinen Brauchtum und in der Religion einer Gegend auf. Immer noch pilgern Kranke zu Quellen, um Heilung zu finden. Erstaunliche sechs Millionen Menschen besuchen jährlich Lourdes. Eine der heiligsten islamischen Stätten ist eine Quelle im Zentrum von Mekka, und sie ist ein wichtiger Teil der Pilgerfahrt.

Nach muslimischen Legenden ging Abrahams Sohn Ismael und seiner Mutter Hägar das Wasser aus, als sie die Wüste durchquerte. Hägar bestieg mehrere Berge, um Wasser zu suchen, während Ismael Sand durch die Finger rieseln ließ. Plötzlich sprudelte lebenspendendes Wasser aus seiner Hand und wurde zu Samsam, der heiligen Quelle im Herzen von Mekka.

Opfergaben als Teil der Verehrung von Quellen waren schon in alter Zeit üblich. Man opferte Tiere, um die Wassergötter gnädig zu stimmen. Heute noch lassen die Leute eine Opfergabe zurück, wenn sie Wasser aus einem heiligen Brunnen entnehmen. Übliche Gaben sind Kleidungsstücke des Heilungssuchenden, religiöse Symbole oder Essen für die Wassergeister. In einigen Teilen Irlands – einem Land mit Hunderten von kleinen Quellen und Brunnen – sieht man oft Bänder, die an Pflanzen gebunden sind und winzige Quellen markieren, denen man bestimmte Heilkräfte zuschreibt. In einigen großen Schreinen mit heiligem Wasser wurden spezielle Räume eingerichtet, um die Opfergaben unterzubringen. Die Opfer sind ein Beleg dafür, daß die Menschen mit dem Wasser kommunizieren. Es handelt sich um einen Dialog: Was wir dem Wasser geben, wird es uns zurückgeben.

Brunnen waren oft für bestimmte Kräfte berühmt, und die Menschen warfen Münzen, Nadeln, Knöpfe, Tonscherben usw. hinein. Ein Brunnen, der gegen Zahnschmerzen half, wollte Haselnußzweige oder Nüsse haben. Ein anderer, der unedle Metalle in edle verwandeln konnte, verlangte Kiefernzapfen. Brunnen, die Einfluß auf das Wetter hatten, bekamen weiße Steine.

Von der Urzeit bis zur Moderne

Die Japaner haben das Wasser während ihrer ganzen Geschichte verehrt, vor allem weil sie stets dem Schintoismus treu geblieben sind, der Religion, Mythos und Volksglauben vereint und moralische Regeln aufstellt, die für harmonische gesellschaftliche und politische Verhältnisse sorgen sollen. Der Schintoismus fordert Riten und Reinheit. Die Beziehung der Japaner zum Wasser schließt eine Verbindung mit den Ahnen ein, obwohl sie nicht unbedingt glauben, Baden sei eine spirituelle Handlung oder ihre Vorliebe für heiße Bäder sei ein Ausdruck ihrer Religion.

In Japan verbinden Bäder im Freien die Wärme der natürlichen Quellen mit der schönen Landschaft und wirken daher spirituell erquickend. Diese rotenburo („Bad im Tau unter freiem Himmel") sind das ganze Jahr über beliebt, sogar mitten im Winter und im Schnee.

Dank seines vulkanischen Ursprungs ist Japan mit Tausenden von heißen Quellen gesegnet. Für die Japaner sind sie Geschenke der Götter an die Erde. Einige ihrer ältesten Heiligtümer stehen neben heiligen Quellen, die seit Jahrtausenden verehrt werden. Wir wissen heute, daß die Quellen oder *onsen*, je nach ihrem Mineralstoffgehalt, tatsächlich Heilkräfte haben. Ein Bad kann das Wohlbefinden also durchaus verbessern.

So wie der uralte Glaube das Verhalten moderner Menschen beeinflussen kann, können die Wissenschaft und das Heilige zusammenarbeiten. Neue Forschungen helfen uns zu verstehen, wie das Wasser Energie speichert und weiterleitet *(siehe Kapitel 2)*, und Wissenschaftler haben sogar nachgewiesen, daß heiliges oder heilendes Wasser sich sowohl quantitativ als auch qualitativ von normalem Wasser unterscheidet.

Zwei italienische Forscher haben monatelang die elektrischen Felder des Wassers in verschiedenen heilenden Quellen, darunter Lourdes, gemessen. Sie fanden signifikante Unterschiede im Vergleich zu „gewöhnlichen" Quellen, und sie schlossen daraus, daß die Ursache nicht nur der oft höhere Gehalt an Mineralien wie Germanium ist (das den Sauerstoffgehalt des Wassers und somit auch seine Energie erhöht). Ein weiterer Grund scheint die Kommunikation zwischen dem Wasser und den Heilungssuchenden zu sein: Wer liebevolle Gedanken ins Wasser sendet, beeinflußt es *(siehe Seite 72, 73)*.

Ein Mann steht bei Kita in Japan unter einem Wasserfall (gegenüber) und zelebriert gewissenhaft das uralte Ritual des morgendlichen Bades.

Das Heilige im Haus

Nach der persischen und arabischen Überlieferung war das Paradies ein Garten mit blühenden Obstbäumen, schönen Blumen und Bächen. Außerhalb der Mauern befand sich eine sandige, heiße Wüste. Ohne Wasser gab es kein Paradies. Wasser war die göttliche Gabe, das Symbol himmlischer Möglichkeiten. In den Paradiesgärten der islamischen Kultur sind immer sanft plätschernde Bäche, Teiche und Brunnen zu finden.

Kein japanischer Garten ist vollständig ohne fließendes Wasser, oft in Form eines kleinen Brunnens oder eines sprudelnden Teiches, an dem man spazierengehen oder meditieren kann. Wasser hat bei der Meditation und Entspannung immer eine wichtige Rolle gespielt. Es ist fast unmöglich, an einem plätschernden Bach, an einem Springbrunnen, an der Brandung oder an einem dröhnenden Wasserfall niedergeschlagen sein. Wasser berührt uns alle, wenn wir richtig mit ihm umgehen.

Leider haben nur wenige Menschen Zeit, sich zu entspannen oder gar zu meditieren und Kontakt mit ihrer spirituellen Natur aufzunehmen. Wir alle wissen, daß Musik, ein Gemälde, eine Skulptur oder ein schönes Bauwerk uns aufmuntern und inspirieren können. Nach der Lektüre eines bewegenden Buches fühlen wir uns erfrischt. Wir benutzen das Wort „bewegend" recht ausgiebig, und wir meinen damit, daß ein Erlebnis uns vom Alltag weg auf eine höhere Ebene bewegt. Manche Erfahrungen sind in der Tat erhebend, andere lösen dagegen tiefe Angst oder Depression aus.

Wasser fällt vom Himmel auf die Erde und dringt tief in die unterirdische Welt ein, ehe es in die obere Welt zurückkehrt. Um unser Potential als Menschen nutzen zu können, müssen wir ebenfalls auf verschiedenen Ebenen aktiv sein. Wir brauchen Einsicht und Inspiration aus dem Himmel und irdische Bewußtheit, und wir müssen uns mit „unterirdischen" Ängsten auseinandersetzen, um sie zu überwinden. Wenn wir das Wasser respektvoll behandeln, merken wir, daß es große Macht hat: Es kann

Tao, der Weg des Weisen, ist der Weg des Wassers. Jedes Leben braucht Wasser, und Wasser kann überall fließen. Weil das Wasser immer Wasser bleibt, bleibt es dem Tao treu.

Wer wie das Wasser den Weg des Tao geht, muß sich damit abfinden, dort zu sein, wo er ist, selbst wenn er dort ist, wohin das Wasser fließt: am tiefsten Punkt. Das ist gut so.

Das Herz muß ruhig und tief sein wie ein See.

Der Weise regiert mitfühlend, und man muß seinem Wort vertrauen.

Der Weise muß um Hindernisse herumfließen und den richtigen Weg finden wie das Wasser.

Der Weise muß wie das Wasser den richtigen Augenblick abwarten und sich dann erheben.

Wasser kämpft nie, es fließt um alles herum, ohne zu schaden.

Tao-te ching, Kapitel 8

heilen, inspirieren, Leben geben und Leben nehmen. Es beeinflußt den materiellen Körper und die Gefühle auf der bewußten und unbewußten Ebene. Wir müssen das Wasser hochschätzen, damit es uns helfen kann.

Wenn wir erkennen, wie sehr wir vom Wasser abhängen, gehen wir sorgsamer damit um. Leider ist das Wasser für die meisten Menschen nichts Heiliges. Wir beuten es seit Jahrhunderten aus, vor allem in den letzten fünfzig Jahren. Jetzt fließt in vielen Ländern der Welt Wasser aus der Leitung und in die Kanalisation. Wir denken nicht mehr darüber nach, wie wir sauberes Wasser bekommen, wie wir es entsorgen, nachdem wir es verschmutzt haben, und wieviel wir verbrauchen. Wasser kann seine wahre Natur nicht zur Geltung bringen, wenn wir es vernachlässigen.

Das soll nicht heißen, daß wir unsere Lebensweise sofort und drastisch ändern müssen. Wir können unseren Haushalt und unseren Arbeitsplatz nicht plötzlich auf den Kopf stellen – aber wir können die Umwelt bewußter sehen und für die spirituelle Seite des Lebens aufgeschlossener sein. Und wir können damit beginnen, bewußter mit dem Wasser umzugehen und seine Heiligkeit zu achten.

Es ist nicht schwer, das eigene Heim und den Arbeitsplatz ein wenig „paradiesisch" zu machen. Sie können zum Beispiel einen kleinen Teich im Garten anlegen oder in der Wohnung einen kleinen Springbrunnen aufstellen. Wählen Sie aber den Standort sorgfältig aus. Im chinesischen Fen Shui, das wörtlich „Wind und Wasser" bedeutet, ist das Wasser eine sehr starke Kraft, weil es Energie absorbiert und speichert. Darum kann es ungünstige Folgen haben, wenn ein Brunnen oder Teich sich am falschen Ort befindet. Der Garten vor dem Haus ist beispielsweise besser geeignet als der Hinterhof.

Nehmen Sie sich die Zeit, am Wasser zu meditieren – an einem Fluß oder an einem See –, und sorgen Sie dafür, daß Sie nur gesundes Wasser verwenden, damit Sie sein volles Potential nutzen können *(siehe Kapitel 2 und 3)*.

Wasser ist lebendig. Es spiegelt seit Anbeginn der Zeit den Glauben aller Kulturen wider. Es wirkt auf mysteriöse Weise, und wo es fehlt, gibt es kein Leben. Sobald wir seine wahre Natur verstehen, wird uns klar, daß es der Schlüssel zum körperlichen, seelischen und geistigen Wohlbefinden ist.

Kapitel zwei

Wasser zum Leben

Wasser ist so alltäglich, daß wir es meist ignorieren und anderswo nach der magischen Arznei suchen, die uns Energie, Gesundheit und ein langes Leben schenkt. Doch der Schlüssel zur Gesundheit und zum langen Leben ist ganz einfach das Wasser.

Sobald wir das Wasser voll und ganz verstehen, besitzen wir den Schlüssel zu allen Lebensprozessen. Die Eigenschaften des Wassers hängen von seiner Situation ab. Seine Struktur ermöglicht es ihm, mit anderen Molekülen zu reagieren und sogar Vergangenes zu speichern.

In manchen Gegenden der Welt altern die Menschen langsamer und bleiben gesund, bis sie über hundert Jahre alt sind. Chronische Krankheiten sind bei ihnen nahezu unbekannt.

Ein solches Gebiet ist Hunsaland im Karakorumgebirge Nordpakistans, ein anderes das Gebirge in Ekuador.

„Wenn du wissen willst, was Wasser ist, trinke."
Zen-Spruch

Das wunderbare Heilwasser der Hunsa enthält keines der Mineralsalze, die man normalerweise in Bergquellen oder Brunnen findet, weil es keine Zeit hat, Mineralien und Informationen zu absorbieren. In diesem Gletscherwasser sind vielmehr Silikate und Kohlenstoffverbindungen suspendiert (also nicht gelöst), die ideale Form, um Leben zu erhalten und zu fördern.

Was ist Wasser?

Wasser hat viele Geheimnisse, und es fängt erst an, sie wieder mit uns zu teilen. In den letzten Jahrhunderten haben wir uns darauf konzentriert, das Wasser wissenschaftlich zu erforschen. Wir brauchen jedoch einen umfassenden Blickwinkel und müssen uns von der Natur inspirieren lassen. Um die Kraft und Anpassungsfähigkeit des Wassers schätzen zu lernen, müssen wir seine Form und seine Energie verstehen. Wir müssen begreifen, daß jeder Tropfen ein Mikrokosmos des Universums ist, der die ganze Natur widerspiegelt und enthält.

Jedes Kind lernt in der Schule, daß Wasser eine chemische Verbindung aus zwei einfachen, reichlich vorhandenen Elementen ist, ein Dipol-Molekül, das aus zwei positiv geladenen Wasserstoffatomen (H) und einem negativ geladenen Sauerstoffatom (O) besteht. Die Formel H_2O mag einfach sein; doch die Struktur des Wassers ist komplex. Wissenschaftler haben 36 verschiedene Arten von Wasser mit verschiedenen Wasserstoff-Sauerstoff-Kombinationen „entdeckt". Außerdem gibt es „leichtes" und „schweres" Wasser. Für die meisten Menschen sind das akademische Erörterungen. Es ist bequem, aber zu simpel, Wasser als H_2O zu beschreiben. In Wirklichkeit gibt es nur wenig H_2O – das ist nur die „Basis", die auf ihrer Reise Mineralien aufnimmt. Nur destilliertes Wasser, das reine Wasser der Wissenschaftler *(siehe Seite 89)* ist H_2O.Flüssiges Wasser ist dynamisch und chaotisch, immer in Bewegung. Das gilt auch für seine Moleküle, die sich leicht voneinander lösen und mit anderen Molekülen verbinden. Trotz seiner Flüssigkeit ist das Wasser jedoch überaus stark. Zwischen den Wassermolekülen bestehen Wasserstoffbindungen, die viel flexibler sind als andere chemische Bindungen. Sie sind stark genug, um zu binden, aber so schwach, daß sie leicht brechen. Diese Bindungen sind der Schlüssel zum Verhalten des Wassers, da sie sich Millionen Male in der Sekunde lösen und – sehr präzise – neu anordnen. Moleküle anderer Substanzen neigen dazu, eine regelmäßige Form anzunehmen; die Abstände zwischen den Atomen sind bei ihnen säuberlich verteilt. Im Wassermolekül versuchen die beiden Wasserstoffatome, sich mit dem Sauerstoffatom zu verbinden, und zwar auf eine überaus exakte, charakteristische Weise – sie streben eine Ruhestellung im Winkel von genau 104° an. Das Diagramm eines Wassermoleküls gleicht dem Kopf von Micky Maus. Wir erkennen einen großen Kreis (Sauerstoff) und zwei kleinere Kreise (Wasser-stoff) in ganz bestimmten Positionen. Jedes Wassermolekül möchte mit seinen Nachbarn eine dreidimensionale Struktur bilden. Flüssiges Wasser besteht aus Milliarden winziger kristalliner Strukturen.

Alle alten Medizinsysteme anerkannten die vitale Bedeutung des Wassers nicht nur zur Behandlung spezifischer Symptome, sondern auch als Quelle unserer Lebenskraft und Gesundheit. Die Griechen empfahlen Wasserbäder zur Körperertüchtigung, die Chinesen schätzten Wasser als Quelle des Chi, der Lebensenergie, und die wedischen Systeme sahen Wasser als Quelle des Prana an, einem Pendant zum Chi.

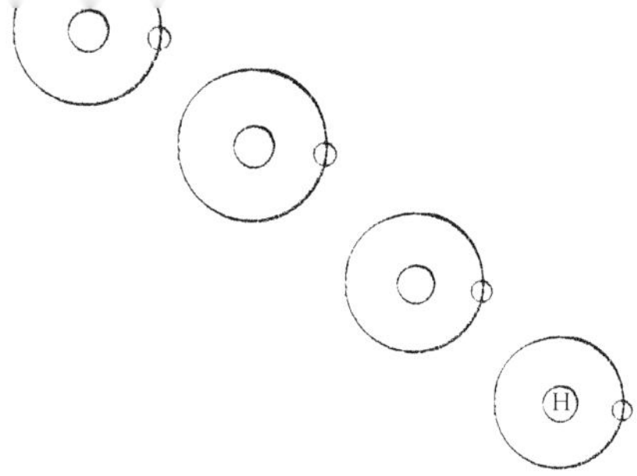

Wasserstoff

Wasserstoff ist das kleinste aller Atome. Es besteht aus einem (positiven) Proton als Kern und einem (negativen) Elektron, das den Kern in einer dreidimensionalen Hülle oder Schale umkreist. Es ist sehr leicht und flüssig und verändert sich ständig.

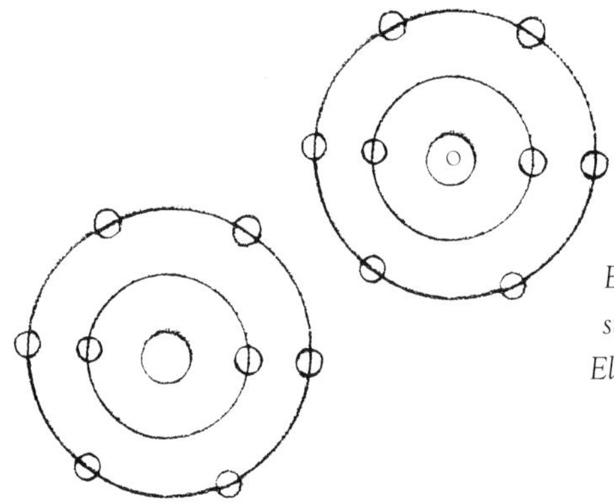

Sauerstoff

Ein Sauerstoffatom ist schwerer als ein Wasserstoffatom. Es besitzt 8 Protonen als Kern und 8 Elektronen, die den Kern in 2 Schalen umkreisen, 2 in der inneren und 6 in der äußeren Schale.

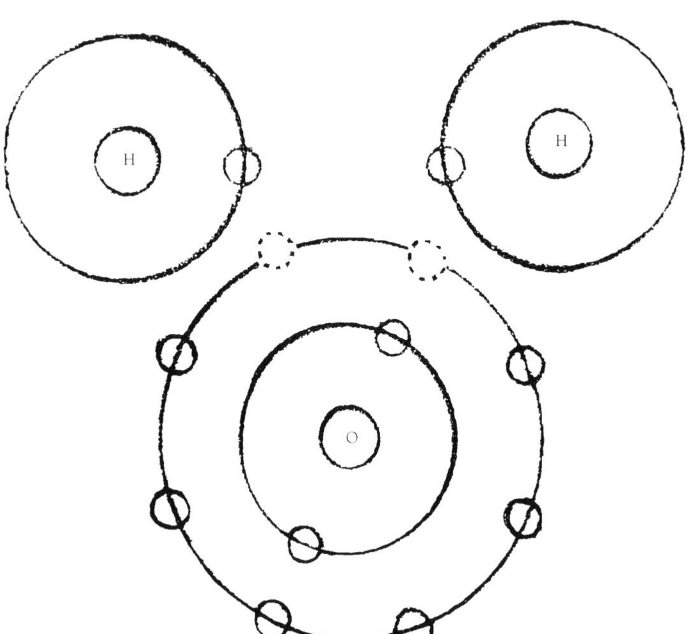

Da seine äußere Schale unvollständig ist und lieber 8 Elektronen hätte, verbindet ein Sauerstoffatom sich gerne mit anderen Atomen, die ein oder zwei Elektronen übrig haben. Sie können sich die Verbindung zwischen Wasserstoff und Sauerstoff vielleicht besser vorstellen, wenn Sie sich die typischen Merkmale der beiden vergegenwärtigen. Wasserstoff gleicht einem winzigen, leichten, ätherischen Körper, der sehr gesellig ist, aber nach oben strebt. Sauerstoff ist ebenso gesellig, strebt aber nach unten. Wenn sie sich begegnen, bilden sie das universelle, vermittelnde Medium Wasser mit 2 leichten Wasserstoffatomen, die sich an den schwereren Sauerstoff binden. Wasser ist, wenn Sie so wollen, der Treffpunkt zwischen Himmel und Erde – eine kosmische Verbindung.

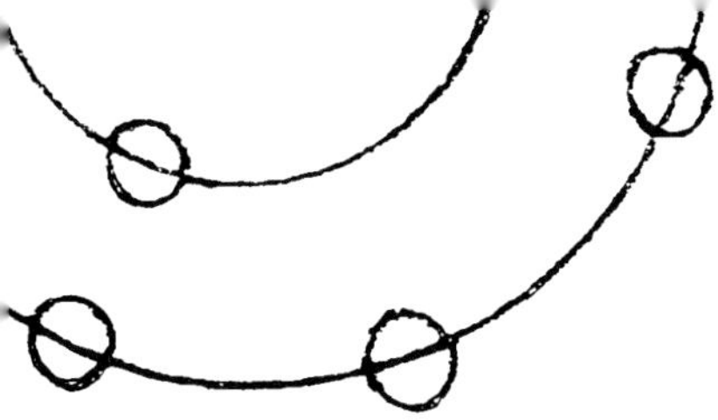

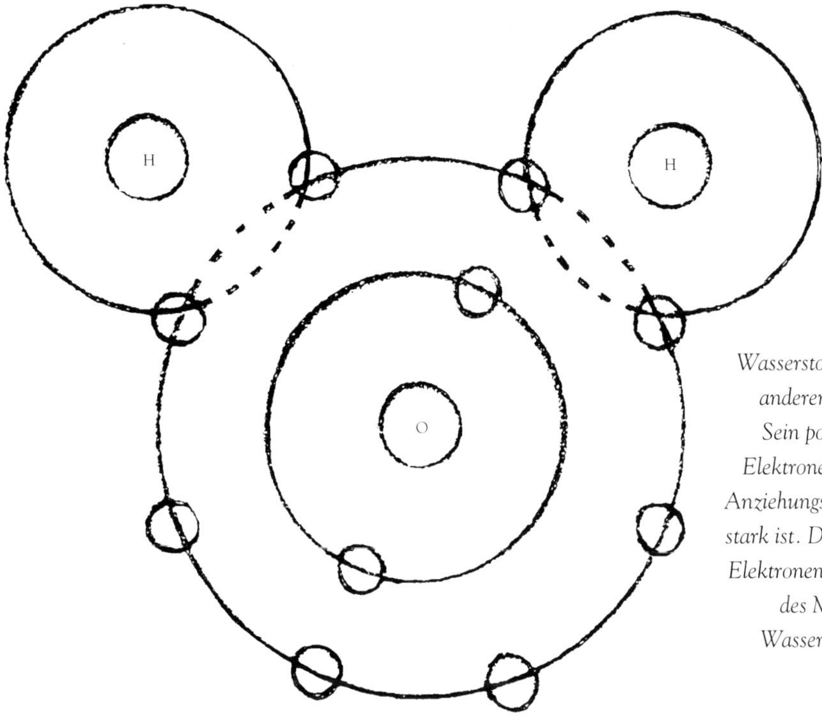

H_2O

Wasserstoff ist so klein und flink, daß er sich anderen Elementen leicht nähern kann. Sein positiv geladener Kern kommt den Elektronen des Sauerstoffs so nahe, daß die Anziehungskraft zwischen beiden ungewöhnlich stark ist. Das größere Sauerstoffatom stiehlt die Elektronen des Wasserstoffs, so daß dieser Teil des Moleküls leicht negativ und der Wasserstoffteil leicht positiv geladen ist.

Obwohl ein Wassermolekül stabil ist, kann das Sauerstoffende des Moleküls wegen der gegensätzlichen Ladungen Elektronen an andere Moleküle abgeben, während das Wasserstoffende Moleküle einfangen will. Dank dieser Struktur verbinden Wassermoleküle sich leicht mit anderen Molekülen.

Die chemischen Bindungen zwischen Wassermolekülen sind entscheidend für die Eigenschaften des Wassers. Wären die Wasserstoffbindungen nur ein wenig stärker, wäre Wasser bei 100° C fest, und es gäbe kein Leben auf Erden.

Dichte des Wassers

Flüssiges Wasser ist einzigartig, weil es sich beim Gefrieren ausdehnt und dadurch zur Erhaltung des Lebens beiträgt. Wäre kaltes Wasser dichter als Eis, würden Teiche und Seen von unten nach oben zufrieren. Wenn Wasser gefriert, treibt es jedoch oben. Eine Eisschicht schirmt das darunterliegende Wasser eines Sees ab, so daß Fische überleben können. Im Winter schützt ein Aggregatzustand des Wassers den anderen. Nach den Gesetzen der Physik müßte eine Substanz im festen Zustand dichter sein als im flüssigen Zustand, so daß der feste Teil absinken würde. Wasser ist jedoch anders. Wie alle anderen Flüssigkeiten schrumpft es, wenn es abkühlt. Wenn es aber 4 °C erreicht, geschieht etwas Unerwartetes: Bei 4 °C erreicht es seine größte Dichte und Energie; unterhalb von 4 °C beginnt es sich auszudehnen, und seine Dichte nimmt ab anstatt zu. Wenn die Temperatur weiter sinkt, setzt die Ausdehnung sich fort, und wenn Wasser zu festem Eis wird, steigt sein ursprüngliches Volumen um neun Prozent – es wird jedoch leichter als flüssiges Wasser. Eine Flüssigkeit wird normalerweise dichter, wenn sie abkühlt. Eis hat dagegen eine offene, poröse Struktur mit weniger Molekülen bei gleichem Volumen. Anstatt einander näher zu rücken, wenn sie sich abkühlen, entfernen die Wassermoleküle sich voneinander; sie verbinden sich zu zerbrechlichen Gitterstrukturen, die auf dem flüssigen Wasser treiben. An ihrem dichtesten Punkt ist die Struktur des Wassers am stabilsten. Bei 4 °C können die Wasserstoffbindungen die Sauerstoffatome am besten festhalten. Dabei gruppieren sich die Wassermoleküle zu dreidimensionalen Strukturen, die Prismen oder hexagonalen Käfigen ähneln. Diese Strukturen bestimmen die Eigenschaften des Wassers. Fällt die Temperatur, sind einige Wasserstoffbindungen, die bereits die maximale Dichte erreicht haben, gezwungen, sich neu anzuordnen, so daß das Wasser sich ausdehnt. Sie bemühen sich, den Winkel von 104,5° zu den Sauerstoffatomen beizubehalten; doch der Druck bewirkt, daß die Bindungen brechen und sich neue, offenere und leichtere Wassermoleküle bilden.

Das Bermudadreieck ist seit Jahrhunderten ein Rätsel. Schiffe und Flugzeuge verschwinden dort spurlos, was Anlaß zu allerlei bizarren Erklärungen gegeben hat. Wahrscheinlich liegt das Geheimnis im Wasser. Wenn Wasser am dichtesten ist, bildet es Strukturen, die Käfigen ähneln und bei einer bestimmten Temperatur und einem bestimmten Druck andere Moleküle einfangen. Dichtes und somit stark strukturiertes Wasser sinkt zum Meeresgrund, wo es Methan aus dem Boden einfängt. Ein Erdrutsch auf dem Grund des Ozeans kann das Methan freisetzen, so daß es plötzlich an die Oberfläche quillt. Dort wird das Wasser sofort weniger dicht, und ein Schiff sinkt in die Tiefe, wo es vom Sediment zugedeckt wird, das durch die Explosion aufgewühlt worden ist und nun wieder absinkt. Eine Methanwolke steigt auf, weil sie leichter als Luft ist, und verurteilt ein Flugzeug zum gleichen Schicksal: Entweder versagen die Motoren wegen Sauerstoffmangel, oder das Methan explodiert, wenn es auf die heißen Abgase trifft. Im weniger dichten Wasser versinken die Trümmer rasch, ohne Spuren zu hinterlassen.

Vom festen zum flüssigen Zustand

Um festes Wasser (Eis) in flüssiges zu verwandeln, ist viel Energie erforderlich, weil dabei eine leichte Flüssigkeit in eine andere, dichtere Form umgewandelt wird; dabei müssen die Wasserstoffbindungen im Eis zerbrochen werden. Während die Bindungen im flüssigen Wasser ständig brechen und neu gebildet werden, sind viele Bindungen im Eis, der kristallinen Form des Wassers, stärker.

Um jede einzelne Wasserstoffbindung zu brechen, wäre noch mehr Energie notwendig. Flüssiges Wasser in Form von geschmolzenem Eis behält den kristallinen Zustand des Eises teilweise bei, und ein Drittel der Wasserstoffbindungen bleibt erhalten.

Das gesündeste Wasser scheint sich an seinen Zustand als Eis zu erinnern – damals hatte es eine leichte, offene Struktur – und ist daher sehr empfänglich für andere Einflüsse (Elemente oder Schwingungen). Das reinste, gesündeste Wasser, zum Beispiel das Hunsa-Wasser, ist Schmelzwasser.

Wäre das Wasser imstande, seine Temperatur relativ leicht zu verändern, gäbe es auf der Erde kein organisches Leben. Die niedrigste spezifische Wärme des Wassers – die Temperatur, bei der die größte Energie erforderlich ist, um die Wassertemperatur zu verändern – beträgt 37 °C. Das ist die normale Bluttemperatur des Menschen. Da unser Blut zu 90 Prozent aus Wasser besteht, können wir ziemlich große Temperaturschwankungen ertragen, weil das Wasser sich gegen Temperaturänderungen sträubt. Wäre die spezifische Wärme des Blutes viel niedriger, würde unser Körper bei extremen Temperaturen gefrieren oder sich zersetzen!

Nur wenige Flüssigkeiten haben einen so hohen Siedepunkt wie das Wasser. Das liegt daran, daß viel Energie notwendig ist, um die stabilen Wasserstoffbindungen zu lösen und einige von ihnen in Dampf zu verwandeln. Diese „Trägheit" des Wassers erklärt auch, warum das Klima auf unserem Planeten ziemlich mild und einheitlich ist. Städte in Küstennähe erfreuen sich meist eines kühlen Sommers und eines milden Winters. Das Meer speichert und verteilt gewaltige Wärmemengen und verschiebt sie vom Äquator an die Küsten der Kontinente. Eine 160 Kilometer breite Meeresströmung kann in einer Stunde soviel Wärme transportieren, wie 200 Millionen Tonnen Kohle liefern.

Die Oberflächenspannung

Wenn das Wasser nichts anderes ergreifen kann, hält es sich selbst fest. Wird es nicht in eine andere Richtung gezwungen, versucht es immer, Kugelform anzunehmen. Selbst Flüsse und Bäche, die von der Schwerkraft festgehalten werden, bilden in der Natur U-förmige Schleifen, die schließlich zu Kreisen werden und sich vom Wasserlauf trennen, wenn dessen Strömung gering ist. Auf der Erde kommt ein Wassertropfen der Kugelgestalt am nächsten. Im Weltall, wo es keine Schwerkraft gibt, ist die Situation völlig anders. Ein unglaublicher Film der NASA zeigt Astronauten, die in einer Raumfähre Orangensaft aus einer Plastikflasche trinken. Sie drücken den Saft sanft aus der Flasche, hören auf zu drücken, und der Saft fließt in die Flasche zurück. Wenn sie die Flasche stark zusammendrücken, fließt der Saft in die Kabine, wo die Tropfen sich zu einer vollkommenen Kugel zusammenballen. Dann beginnen die Astronauten, die Kugel hin und her zu pusten. Am Ende des Filmes stecken sie Strohhalme in die Kugel und trinken sie auf. Moleküle an der Kante eines Gewässers ziehen einander stark an und bilden eine flexible Hülle. Diese Elastizität ermöglicht es einer dünnen Wasserschicht, sich zu wölben und zu strecken und Blasen und Tropfen zu bilden. Sie ermöglicht es dem Blut zu gerinnen. Die Oberflächenspannung veranlaßt biochemische Verbindungen, sich an der Oberfläche einer Flüssigkeit zu konzentrieren und dadurch biologische Reaktionen zu beschleunigen. Zusammen mit der stabilen Struktur des Wassers macht die Oberflächenspannung flüssiges Wasser „klebrig“, so daß es Dinge festhalten kann, ohne daß seine Struktur zerbricht. Wasser dringt in alle Zellen eines Gewebes ein, und in den Kapillaren sowie in den dünnen Stengeln einer Pflanze klettert es sogar nach oben. Wenn die leicht veränderlichen Wasserstoffbindungen brechen und sich Millionen Male in der Sekunde neu anordnen, haften die meisten Moleküle an der Innenwand der engen Röhre aneinander und an der Wand und ziehen sich selbst nach oben. Diese kapillare Reaktion ist die Voraussetzung des Lebens. Ohne sie gäbe es keinen Blutkreislauf.

Füllen Sie eine Untertasse mit Wasser, und versuchen Sie, eine Nadel auf die Oberfläche zu legen. Nehmen Sie Wasser aus verschiedenen Quellen: Meerwasser, Flußwasser, Quellwasser, Leitungswasser, Mineralwasser. Die Unterschiede können erheblich sein. Machen Sie dieses Experiment auch mit kaltem und heißem Wasser, und beobachten Sie, wie die Temperatur die Dichte und die Oberflächenspannung beeinflußt.

Das universelle Lösungsmittel

Nehmen wir an, Sie haben im Garten gearbeitet, und Ihre Hände und Kleider sind schmutzig. Was tun Sie? Sie waschen sich, wahrscheinlich mit etwas Seife. Was aber würden Sie tun, wenn Ihnen kein Wasser zur Verfügung stünde? Die Seife würde Ihnen nichts nützen.

Wasser ändert die Situation. Es löst fast jede Substanz, mit der es in Berührung kommt, bis zu einem gewissen Grad. Seine Moleküle reagieren mit jedem anderen Molekül, schieben Atome auseinander, hüllen sie ein und verändern sie dadurch.

Die dreidimensionale Struktur des Wassers liefert eine mögliche Erklärung für diese erstaunliche Fähigkeit, Verbindungen zu lösen. Wären die Wassermoleküle flach oder linear angeordnet, könnten sie andere Moleküle nicht einhüllen und somit keine Substanzen lösen.

Eine Rolle spielt auch die elektrische Polarität. Das positiv geladene Wasserstoffatom klammert sich an jedes negative Ion, das ihm begegnet, und das negativ geladene Sauerstoffatom fängt daraufhin positive Ionen ein, um das Gleichgewicht zu bewahren.

Jedes Lebewesen nutzt diese Eigenschaft des Wassers. Sehr viele biologische Reaktionen werden in Gang gesetzt oder beendet, wenn die Konzentration gelöster Ionen, etwa Natrium und Kalium, im Wasser des Körpers sich ändert.

Überall auf unserem Planeten ist gesundes Wasser in ständiger Bewegung und Umwandlung begriffen, während es der Luft Sauerstoff, Stickstoff und Kohlendioxid, dem Boden dagegen Kalzium, Kalium, Mangan, Natrium und zahlreiche andere Mineralien entnimmt.

Seine außergewöhnliche Fähigkeit, andere Substanzen zu lösen, und seine Dynamik ermöglichen es ihm, neue Informationen zu sammeln und anderswo abzugeben. Im Wasser begegnen sich andere Elemente und werden umgewandelt. Wasser strukturiert unsere Welt.

Wenn ein Wassertropfen einen Salzkristall berührt, löst das Salz sich fast sofort. Für uns ist das selbstverständlich. Aber wenn wir Salz ohne Wasser schmelzen wollen, brauchen wir dafür eine Temperatur von 800°C! Sobald das Salz jedoch mit Wasser in Kontakt kommt, schmilzt es sofort, weil Chlorid- und Natriumionen emsig bemüht sind, sich mit Molekülen anderer Substanzen zu verbinden. Im festen Zustand sind beide sehr stabil, weil das negativ geladene Chlor das positiv geladene Natrium ergänzt. Im Wasser lösen sie sich voneinander: Das Chlor verbindet sich mit dem positiv geladenen Wasserstoff, das Natrium mit dem negativ geladenen Sauerstoff. Darum löst sich ein stabiles Salzkristall in einem Wirbel von Atomen mit unterschiedlicher Ladung auf. Salzwasser leitet daher elektrischen Strom, was dem Wasser oder dem Salz alleine nicht gelingt.

Eine Welt der Schwingungen und Vibrationen

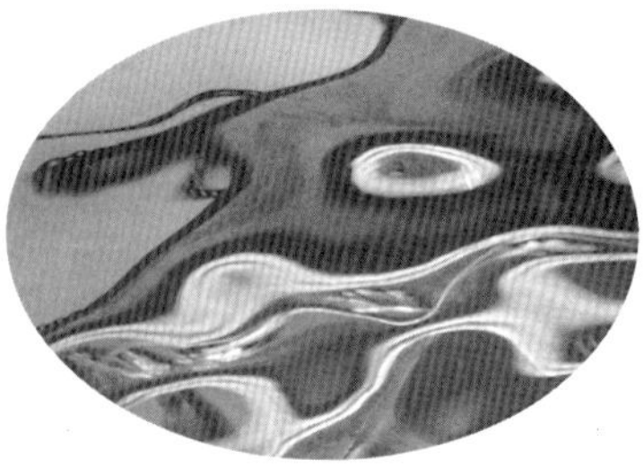

Der ganzheitlich orientierte Psychologe C. G. Jung verglich das Wasser mit den Gefühlen: Es ist ein Medium, das subtile Informationen weiterleitet.

Wir müssen mehr über die Struktur und die physikalischen Eigenschaften des Wassers wissen, um ein umfassendes Bild zu erhalten. Jede Aufgabe des Wassers ist gleich wichtig, und alle seine Aspekte hängen miteinander zusammen. Wir können sie nicht vollständig verstehen, wenn wir sie isoliert betrachten. Wasser nimmt alles auf, was wir hineingeben, und es gibt uns zurück, was wir ihm geben. Wenn wir unser Wasser elektromagnetisch oder chemisch verschmutzen, macht es unseren Körper und unsere Umwelt unrein und verursacht Krankheiten.

Unser Weltbild verändert sich allmählich. Manche Disziplinen kehren zu einem multidimensionalen Weltbild zurück, in dem alles miteinander in Wechselwirkung steht und das Individuum mit dem Kosmos verbunden ist. Dieser Blickwinkel ist auch beim Studium des Wassers angemessen, jener ganzheitlichen Substanz, die uns körperlich und seelisch beeinflußt.

Alles Leben braucht Energie. Selbst Objekte mit hoher physikalischer Dichte sind nicht stabil, sondern bestehen aus Schwingungsenergie. Jede natürliche oder synthetische Substanz besitzt ihr eigenes Schwingungsmuster, und jedes Lebewesen besteht aus Energie mit einer spezifischen Schwingung.

Seit Jahrhunderten hat die Wissenschaft ein materialistisches und mechanistisches – newtonsches – Weltbild. Sie betrachtet die physikalische Welt als vom Kosmos getrennt und jede Materie als fest, als Ansammlung von identifizierbaren Chemikalien in bestimmten Verbindungen. Die neue Wissenschaft versteht die Welt als Summe physikalischer Kräfte in dynamischem Wechselspiel mit komplexen, feinstofflichen Energien. Nichts ist solide, sondern jede Materie besteht aus Schwingungsenergie.

Die überragende Bedeutung der Energie und des Energiegleichgewichts wird in China seit Tausenden von Jahren verstanden. Dort ist die Energie oder das *Chi* die Kraft, die alle Lebensvorgänge steuert und ohne die das Leben, die Natur und der Körper nicht zu verstehen sind. *Chi* entsteht durch das Zusammenwirken von *Yin* und *Yang*, und diese Dynamik ist die Quelle des Lebens und aller Phänomene und die Ursache dafür, daß alles sich ständig bewegt und verändert.

Das einfache Beispiel des kochenden Wassers erklärt, daß Materie und ihre sich wandelnden Erscheinungsformen vom *Chi* abhängig sind. Flüssiges Wasser ist *yin*; wenn es unter der Einwirkung des Feuers (*yang*) kocht, verwandelt es sich in Dampf (*yang*), der zu Tropfen (*yin*) kondensiert. Eis ist am stärksten *yin*. Wasser verwandelt sich ständig in *Yin*- und *Yang*-Zustände und löst dadurch die Energieumwandlungen aus, von denen das Leben abhängt.

Resonanz

Das Prinzip der Resonanz erklärt, wie lebende Wesen durch Schwingungen miteinander kommunizieren. Resonanz ist ein typisches Merkmal der Natur. Sie ermöglicht es verschiedenen Objekten, sich aufeinander abzustimmen und Informationen durch den Raum zu übertragen. Wasser ist einer der wichtigsten Kanäle für die Resonanz.

Wenn wir Materie als Schwingungsenergie betrachten, verstehen wir, daß verschiedene Objekte mit unterschiedlichen Frequenzen schwingen, manche jedoch mit der gleichen Frequenz. Wenn Sie auf der Stimmgabel ein C anschlagen, schwingt jedes C in einem daneben stehenden Klavier mit – alle Noten im Klavier, die das C erkennen, befinden sich in Resonanz mit der Stimmgabel. Die Noten mögen höher oder tiefer sein; aber sie schwingen alle. Bei einem beliebten Experiment in Naturkundemuseen werden Kinder aufgefordert, verschiedene Muster auf einer mit Sand bestreuten Metallplatte zu zeichnen, indem sie verschiedene Geräusche erzeugen. Die unterschiedlichen Frequenzen rufen verschiedene Muster hervor.

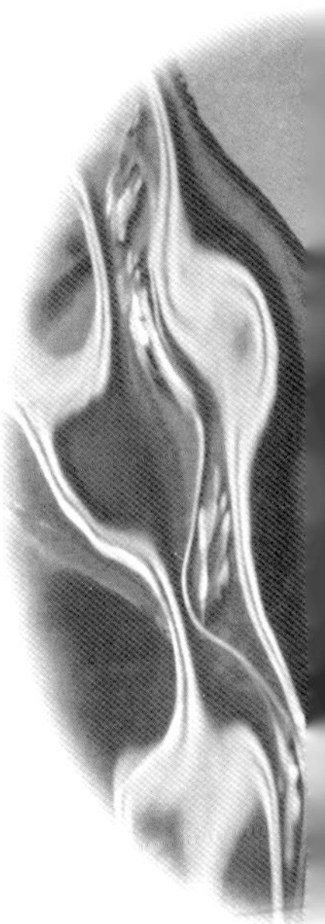

Marschierende Soldaten verzichten auf den Gleichschritt, wenn sie Brücken überqueren. Der Rhythmus löst starke Schwingungen auf einer bestimmten Frequenz aus, und die Brücke könnte einstürzen.

Physiker experimentieren mit ausgeklügelten Geräten, die man Teilchenbeschleuniger nennt. Sie schießen mit starken elektromagnetischen Wellen auf bestimmte Atome. Diese Atome brechen bei bestimmten Frequenzen unter der Einwirkung der elektromagnetischen Energie auseinander. Ähnliches geschieht, wenn ein Opernsänger mit seiner Stimme Glas zerbricht – er leitet Energie durch den Raum zum Glas. Wenn die übertragene Energie die gleiche natürliche Frequenz hat wie die Molekularstruktur des Glases, wird die Belastung des Glases derart groß, daß es zerbricht.

Unser Körper ist eine Ansammlung von Organen und Zellen, die mit verschiedenen Frequenzen schwingen. Wir können den Organismus auch als komplexes System aus harmonischen Schwingungen betrachten. Jede Störung der Harmonie führt zu Schmerzen, Beschwerden oder Krankheiten. Wasser ist offenbar der Schlüssel zur Resonanz, der Kanal, durch den alle Lebewesen miteinander kommunizieren. Wasser speichert und überträgt Informationen, es führt uns Schwingungsenergie aus der Umgebung zu.

Das Gedächtnis des Wassers

Eine Schneeflocke besteht aus Milliarden Wassermolekülen in einer bestimmten stabilen Anordnung. Sie werden nie zwei identische Flocken finden, selbst wenn Sie Ihr Leben lang danach suchen. Doch wenn Sie eine Schneeflocke zum Schmelzen und unter den gleichen Bedingungen wieder zum Gefrieren bringen, nimmt sie wieder dieselbe Form an – keine ähnliche, sondern genau dieselbe! Sie erinnert sich an ihre frühere Struktur.

Die Schwingungen im Wasser hängen von seiner dreidimensionalen Struktur ab, die alle Lebensvorgänge beeinflußt und mit Informationen versorgt. Diese Mikrostrukturen bilden sich Millionen Male in der Sekunde und lösen sich ebenso schnell auf. Es sind schwingende Energiezentren, die ständig Energie empfangen und weiterleiten, von und zu allem, womit sie in Berührung kommen.

Obwohl Wasser flüssig ist und verschiedene Aggregatzustände annehmen kann, streben seine Moleküle eine feste Struktur an. Daher sind sie in der Lage, Informationen zu speichern, die sie anderen Molekülen entnommen haben. Wenn Sie klares, lebendiges Wasser aus einer Bergquelle trinken, schmecken Sie die Mineralien, die das Wasser aus der tiefen Erde hervorgeholt hat. Aber Sie trinken auch die Vitalität des Wassers und nehmen Energie auf, indem Sie an seiner Reise teilnehmen.

Während das Wasser wandert, befördert es physikalische Informationen, aber auch subtile Informationen. Es reagiert auf jede Veränderung in seiner Umgebung, indem es sich ausdehnt, zusammenzieht oder rhythmische Wellen erzeugt. Es verändert sich Milliarden Male in der Sekunde. Dabei nimmt es nicht nur physikalische Informationen auf, sondern auch Schwingungen. Wasser überträgt Schwingungen *und* physikalische Informationen; es beeinflußt alles, was ihm begegnet, und läßt sich von ihm beeinflussen. Und bei jeder Begegnung reicht es seine bisherigen Informationen weiter. Für den Nichtwissenschaftler ist der Gedanke, daß Wasser ein Gedächtnis hat, nicht sonderlich überraschend. Jedes lebende Wesen wird von seiner Umwelt beeinflußt, körperlich und seelisch. Menschen speichern die Eindrücke, die sie von allen ihren Erlebnissen während der Reise durchs Leben gewinnen, ob bewußt oder unbewußt.

Wenn Sie Wasser aus einem Krug in die gewölbten Handteller zweier Menschen gießen, erhalten Sie drei verschiedene Arten von Wasser. Das Wasser im Krug enthält bestimmte Informationen, die jedoch durch den Kontakt mit den Empfängern verändert und ergänzt werden. Da das Wasser alles verändert, was es berührt – es löst und befreit Elemente aus ihrem bisherigen Zustand –, verändert sich auch das Wasser bei jedem Kontakt. Es wird von den chemischen Informationen der Hand beeinflußt (auf der Haut befinden sich Spuren von Elementen), aber auch vom Puls des Menschen, von seinen Rhythmen und Schwingungen sowie von den Schwingungen des Kosmos, des Mondes und der Planeten.

Wenn wir das Wasser als lebendes Wesen ansehen, sollte es uns daher nicht überraschen, daß es ein Gedächtnis hat.

Das Gedächtnis des Wassers und die Wissenschaft

Wenn Wasser durch ein Magnetfeld fließt, verändern sich viele seiner Eigenschaften, darunter der Siedepunkt, die Viskosität, die Oberflächenspannung, die elektrische Leitfähigkeit und die magnetische Empfänglichkeit. Das Wasser kehrt nicht mehr zu seinem ursprünglichen Zustand zurück, und es beeinflußt sogar anderes Wasser, mit dem es in Kontakt kommt. Es erinnert sich daran, daß es ein Magnetfeld durchquert hat, und gibt diese Information weiter.

Die Idee, daß Wasser ein Gedächtnis besitzt, hat Streit unter den Wissenschaftlern ausgelöst. Jacques Benveniste, ein französischer Biochemiker, ist einer der Pioniere auf diesem Gebiet. Er wies nach, daß Moleküle anderer Substanzen Wasser als Medium für die Kommunikation benutzen und daß Wasser gespeicherte physikalische und feinstoffliche Energie weiterleitet. Benveniste machte Schlagzeilen, weil er ein angesehener Forscher ist. Die meisten anderen Arbeiten über das Gedächtnis des Wassers stammen von Außenseitern und wurden daher ignoriert. Da seine Kollegen ihn nicht ignorieren konnten, kritisierten sie statt dessen seine Methode und seine Ergebnisse und warfen ihm Betrug vor.

Der Gedanke, daß Wasser Schwingungen weiterleitet, ist nicht neu. Homöopathen „potenzieren" seit 200 Jahren Wasser, indem sie es subtiler Energie oder bestimmten elektromagnetischen Wellen aussetzen. Aber die Schulmedizin hat diese Heilweise nie vorbehaltlos anerkannt.

Benveniste folgte den Regeln des wissenschaftlichen Experiments und stellte meßbare Wirkungen auf lebende Zellen fest. Die Versuche belegen, daß Wasser Informationen speichert und weiterleitet und daß seine molekulare Struktur ihm erlaubt, Sender und Empfänger chemischer und feinstofflicher Informationen zu sein.

Benveniste fand heraus, daß Reaktionen selbst in Verdünnungen von einem Teil in 10^{120} Teilen destilliertem Wasser auftreten. Diese Verdünnung erhalten Sie, wenn Sie einen Tropfen einer Substanz in 99 Tropfen destilliertem Wasser lösen, dann einen Tropfen dieser Mischung mit 99 Tropfen Wasser vermengen und so weiter – insgesamt 120 Mal! Benveniste zeigte, daß derart extreme Verdünnungen die biologische Aktivität im Wasser ändern können, obwohl keine Moleküle der ursprünglichen Substanz mehr vorhanden sind. Seine Resultate beweisen, daß das Wasser die Informationen gespeichert hat.

Homöopathie

Die Homöopathie ist eine gefahrlose und sanfte Heilweise, deren Prinzip „Gleiches heilt Gleiches" heißt – was dem Körper schaden kann, ist auch in der Lage, ihn gesund zu machen. Diesen uralten Grundsatz formulierte der deutsche Arzt Samuel Hahnemann vor fast 200 Jahren neu.

Homöopathische Arzneien werden hergestellt, indem man destilliertes Wasser (also reines Wasser ohne andere Substanzen) schüttelt, um ein Mineral oder eine organische Substanz auf das Wasser zu übertragen. Anschließend wird das Wasser viele Male verdünnt, so daß keine Spur der beigefügten Substanz mehr darin vorhanden ist. In der Mikrostruktur des Wassers bleibt lediglich das feinstoffliche „Muster" der Substanz, die essentielle Botschaft zurück.

Homöopathische Arzneien sind wirksam, weil Wasser subtile Energie absorbiert und speichert. Sie hat eine meßbare Wirkung auf Lebewesen und wirkt direkt auf die Energiefrequenzen des Körpers ein.

Hahnemann entdeckte die Bedeutung des Schüttelns durch Zufall. Bei seinen ersten Versuchen mit stark verdünnten Arzneien hatte er festgestellt, daß nicht diejenigen Präparate am wirksamsten waren, die er seinen Patienten in der Praxis gab, sondern jene, die er ihnen brachte. Daraus schloß er, daß das rhythmische Schütteln während seines Rittes auf dem Pferd die Wirkung verstärkte.

Heute wissen wir, daß die Bewegung ein integraler Bestandteil der Energie und des Gedächtnisses des Wassers ist *(siehe Kapitel 3)*.

Da sich in der Arznei keine physikalische Substanz befindet, wirkt sie nicht auf der physischen, sondern auf einer anderen, feinstofflichen Ebene.

Werden homöopathische Arzneien in der Nähe von Geräten aufbewahrt, die elektromagnetische Strahlen abgeben (Elektromotoren, Mikrowellenherde oder Computer), verändern sich die Informationen, die sie enthalten, oder sie werden unwirksam.

Hahnemann sprach von der „Lebenskraft", der Energie, die sich bemüht, den Körper gesund zu erhalten. Sie wird mit den meisten Problemen fertig; aber manchmal braucht sie Hilfe, zum Beispiel wenn sie während einer Erkältung Gifte ausscheidet, Keime und Schlacken durch Fieber verbrennt oder lebenswichtige Organe schützt, indem sie Hautkrankheiten auslöst.

Einflüsse auf Schwingungen und das Gedächtnis

Wir sind von verschiedenen Energiefeldern umgeben, deren Auswirkungen teils meßbar, teils sehr subtil sind. Unter einem Feld verstehen wir einen Teil des Raumes, der bestimmte Eigenschaften hat. Magnetische und elektromagnetische Felder verändern die Schwingungen von Objekten ein wenig. Wir alle sind von natürlichen Magnetfeldern abhängig. Probleme treten nur auf, wenn die Felder verändert werden – meist durch unsere Technik – und das natürliche Gleichgewicht verlorengeht.

Elektrische Felder

Die Erde ist von einem elektrischen Feld umgeben, das in der oberen Atmosphäre bis in eine Höhe von 160 Kilometern reicht. Die elektrische Spannung in diesem Feld liegt bei etwa 7,8 Hertz. Eine ähnliche Frequenz haben interessanterweise einige Gehirnwellen des Menschen.

Das Feld der Erde ist ziemlich stabil und hat normalerweise keine oder nur eine geringe Auswirkung auf uns. Wir nehmen es kaum wahr. Nur wenn sich ein Gewitter zusammenbraut, spüren wir, daß die elektrische Spannung zwischen der Atmosphäre und der Erde sowie die Stärke des elektrischen Feldes sich verändern. Auch Kraftwerke und Hochspannungsleitungen können das Feld örtlich verändern.

Das elektrische Feld der Erde macht sich besonders drastisch bemerkbar, wenn ein Blitz einschlägt. Man kann ein Objekt in einem Metallkäfig (Faradayscher Käfig genannt) vor elektrischen Feldern schützen. Darum ist es bei einem Gewitter in einem Auto mit geschlossenen Fenstern am sichersten, zumindest sicherer als im Freien unter einem Baum.

Jeder Regentropfen, der während eines Gewitters fällt, nimmt aus der Atmosphäre elektrische Ladung auf und bringt sie mit zur Erde. Positive Ionen überwiegen, und diese rufen bei Menschen und anderen Lebewesen ein Gefühl des Unbehagens hervor. Nach dem Gewitter überwiegen die positiven Ionen, und wir fühlen uns erfrischt.

Die Erdkruste ist an der Oberfläche negativ geladen, die Schichten darunter sind positiv geladen. Die Energie der Sonne sorgt für eine positiv geladene obere Atmosphäre. Wir brauchen das negative Feld an der Erdoberfläche, um gesund zu bleiben; aber wir brauchen auch die positiven Ladungen oben und unten. Der Südpol eines Magneten ist positiv und verstärkt die Energie einer Substanz in seiner Nähe. Der Nordpol ist negativ; er schwächt Energien und löst sie auf. Ein negatives Energiefeld kann Stauungen im Körper auflösen, ein positives vergrößert die Energie eines Menschen.

Magnetfelder

Die Erde ist ein riesiger Magnet, der ein Magnetfeld erzeugt, das sich weit in den Weltraum hinaus erstreckt. Wie das elektrische Feld merken wir kaum jemals, daß es uns durchdringt. Manche Lebewesen machen sich das Magnetfeld zunutze. Zugvögel brauchen es anscheinend, um sich auf dem Weg nach Süden zurechtzufinden, und schon kleine Veränderungen der Feldstärke können sie verwirren.

Das Magnetfeld wird von dichten Strömungen geladener Teilchen beeinflußt, deren Ursprung die Sonne ist. Wir können diesen „Sonnenwind" in Form von herrlichen Nordlichtern und Südlichtern an den Polen der Erde bewundern. Die Bewegungen der Planeten beeinflussen das Magnetfeld der Erde in viel geringerem Ausmaß.

Auch starke Stürme können das Magnetfeld verändern. Eine Flut positiver oder negativer Ionen erzeugt beispielsweise ein starkes lokales Magnetfeld. Solche Rhythmen sind ein Teil des Lebens.

Elektromagnetische Felder

Elektrizität und Magnetismus sind untrennbar miteinander verbunden. Die Elektrizität in der häuslichen Stromleitung hat eine niedrige, gleichmäßige Frequenz. Die Elektrizität in der Umwelt (etwa bei bestimmten Wetterverhältnissen oder in der Nähe von Hochspannungsleitungen) hat unterschiedliche, „wilde" Frequenzen. Elektrizität kann sich in Magnetismus verwandeln. Die elektrischen Ladungen, die bei einem Gewitter entstehen, erzeugen zum Beispiel Magnetfelder. Magnetismus kann sich seinerseits in Elektrizität verwandeln. Wissenschaftler wie Faraday und Tesla erzeugten Elektrizität, indem sie Magnetspulen in Schwingung versetzen, so daß eine elektrische Ladung entstand.

Wer in der Nähe von Hochspannungsleitungen lebt, kann krank werden, und elektromagnetische Felder (EMF) verändern die Struktur des Wassers. Neuere Forschungen belegen, daß unterirdische Ströme von EMF stark beeinflußt werden. Die EMF zerstören die Struktur des Wassers und zwingen ihm neue feinstoffliche Informationen auf. Wer in der Nähe solcher Ströme lebt, muß mit Krankheiten rechnen. Man kann sich jedoch mit Kristallen, Pflanzen (z. B. Kakteen) oder speziellen Geräten schützen.

Wir wissen nicht genau, wie diese Umwandlung vor sich geht; wir wissen nur, daß es sie gibt. Dynamische und schwingende elektrische oder magnetische Felder werden zu elektromagnetischen Feldern, die ständig auf hohen Frequenzen schwingen und sich in den Weltraum ausdehnen. Elektromagnetische Felder (EMF) werden oft als neues Phänomen bezeichnet; aber sie haben immer existiert. Ihre Quelle ist die Wechselwirkung zwischen der Erde, der Atmosphäre, der Ionosphäre, der Sonne und den Planeten. Sonnenstrahlen sind elektromagnetische Energie. Ein Blitz erzeugt ebenfalls ein elektromagnetisches Feld.

Der Einfachheit halber können wir niederfrequente Felder (sie werden z. B. von elektrischen Haushaltsgeräten erzeugt) als elektrische oder magnetische Felder betrachten. Hochfrequente Felder sind in der Regel elektromagnetisch. Man kann Informationen selbst auf niederen Frequenzen übertragen, und die meisten niederfrequenten Felder sind harmlos. Extrem niedrige Frequenzen können dagegen gefährlich sein, wenn sie konzentriert auf uns einwirken. Sie schaden dem autonomen Nervensystem und verändern die Informationen, die der Körper benötigt, um seine Lebenskraft zu erhalten. Wir brauchen Elektromagnetismus in gewissem Umfang im Alltag, und wir brauchen Sonnenstrahlen, um gesund zu bleiben. Leider sind wir jedoch immer mehr EMF ausgesetzt: Fernsehgeräten, Mikrowellenherden, Computern und so weiter. EMF können die Struktur des Wassers und somit auch die Informationen, die es speichert, stören oder zerstören. Wir sollten daher darauf achten, uns nicht unnötig EMF auszusetzen, damit das empfindliche Wassergleichgewicht im Körper nicht subtil verändert wird. Übrigens können die Auswirkungen der EMF kumulativ sein: Wasser erinnert sich an alles, dem es ausgesetzt war, und gibt diese Informationen an anderes Wasser weiter.

Wir können den menschlichen Körper als Ansammlung elektrisch geladener Moleküle betrachten, die sich entlang bioelektrischer Stromkreise bewegen. Das sind elektrische Ströme, die durch die Wände der Arterien, Venen und Kapillaren dringen und weiße Blutkörperchen und Stoffwechselverbindungen in das benachbarte Gewebe ziehen oder daraus entfernen. EMF beeinflussen diese Vorgänge und stören die subtile Energie, die den Körper einhüllt und bioelektromagnetisches Feld genannt wird. Elektromagnetismus kann Informationen verändern und der Gesundheit schaden. Hochfrequente elektromagnetische Strahlen in bestimmten Dosen, etwa Röntgenstrahlen, haben zwar ihren Platz in der Medizin; doch die Gefahren einer Überdosis sind bekannt. Wir können den EMF in der Umwelt nicht aus dem Weg gehen; aber wir können das Risiko verringern.

Rutengehen ist die Brücke zwischen dem Verstand und der Intuition. Man kann damit verborgene Wasseradern aufspüren. Tiere fühlen diese Adern, die Maoris spüren sie mit den Füßen, andere „hören" sie. Das Problem besteht darin, das Wasser zu finden, das man braucht. Martin Luther schrieb 1518, der Gebrauch der Wünschelrute verletze das erste Gebot, und manche Leute sehen darin heute noch ein Werkzeug des Teufels. Rutengänger sind möglicherweise empfänglich für elektromagnetische Strahlen, die das Wasser abgibt. Neuere Forschungen deuten jedoch darauf hin, daß auch die kosmischen Strahlen eine Rolle spielen. Die Wünschelrute beweist, daß das Wasser Informationen durch den Raum übermitteln kann. Sie verstärkt lediglich die Botschaft, die der Körper beim Kontakt mit verborgenem Wasser empfängt.

Wasser, Schwingungen und Gesundheit

Die Welt besteht aus Schwingungen. Wasser nimmt Schwingungen auf und wird aktiv, wenn Schwingungen es beeinflussen. Benvenistes Experimente *(siehe Seite 60)* zeigen, daß man biologische Informationen, die in Wasser enthalten sind, mit Hilfe eines niederfrequenten elektronischen Verstärkers von einer Wasserampulle in die andere übertragen kann. Wasserteilchen können also Radiosender sein, die Schwingungen – elektromagnetische Informationen – von anderen Partikeln aufnehmen. Die Informationen werden zerstört, wenn das Wasser einem starken Magnetfeld ausgesetzt oder über 70 °C erhitzt wird. Die Struktur des Wassers verändert sich, Bindungen brechen, und Informationen werden nicht mehr übertragen. Einfachere Experimente führte der russische Wissenschaftler Witold Bakhir durch. Er goß ein wenig Wasser in eine Petrischale, deckte sie mit einer Glasplatte zu und stellte darauf eine zweite Schale, in der sich eine verschlossene Glasampulle mit 1 % Natriumchlorid befand. Am nächsten Tag ließ er das Wasser in der Petrischale gefrieren und analysierte die Eiskristalle. Sie enthielten Natriumchlorid, das durch die Glasplatte von einer Wasserampulle in die andere übertragen worden war.

Wenn Sie einen Magneten vor den Mund halten, hindert er Sie nicht am Sprechen, aber er stört eine Tonbandaufnahme. Aufgezeichnete Informationen bestehen aus elektromagnetischen Schwingungen. Starke Magnetfelder verzerren oder löschen auch Informationen, die nach der homöopathischen Methode dem Wasser eingeprägt wurden. Diese Informationen bestehen also ebenfalls aus elektromagnetischen Schwingungen.

Jedes chemische Element hat sein eigenes Schwingungsmuster, einerlei, ob es in Wasser gelöst ist oder nicht. Es ist eine Art Code, den ein geeigneter Empfänger knacken kann. Ist das Wasser gesund, kann es solche Codes aufnehmen und weiterleiten. Wasser ist eine Art Funkgerät. Ohne die korrekt eingestellte Wellenlänge funktioniert das Gerät nicht. Wenn ein Molekül irgendeiner Substanz mit Wasser in Kontakt kommt, wird seine Fähigkeit zu kommunizieren tausendfach verstärkt. Ein Funkgerät kann keine Signale empfangen, wenn physikalische Hindernisse oder andere Radiowellen sie blockieren, und Wasser kann keine korrekten Codes aufnehmen, wenn Schmutz den Code verfälscht. Würden Moleküle nur kommunizieren, wenn sie aufeinandertreffen, wäre die biologische Kommunikation armselig oder käme ganz zum Erliegen.

Stellen Sie eine Plastik- oder Glasflasche mit Wasser in den Kühlschrank neben eine reife Melone. Gießen Sie nach 24 Stunden das Wasser aus, und fragen Sie, wonach es schmeckt. Wahrscheinlich schmeckt es nach Melone!

Angenommen, ein Flugzeug nähert sich dem Flugplatz, und der Pilot kann mit dem Kontrollturm erst kommunizieren, wenn er ihn sieht. Eine solche Kommunikation wäre schwierig und unsicher. In Wirklichkeit kann das Flugzeug lange vor der Ankunft auf einer bestimmten Frequenz Informationen bekommen. In ähnlicher Weise können Wassermoleküle auf bestimmten Frequenzen miteinander kommunizieren, ohne einander zu berühren. Wasser ermöglicht es den Molekülen in einer Zelle, zu interagieren und Botschaften auszutauschen, die durch das Wasser zwischen den Zellen verschiedene Körperteile erreichen.

Im Hunsa-Wasser sind Mineralien als Kolloide (winzige Klümpchen), verteilt. Kolloide Mineralien sind elektrisch und magnetisch vollkommen ausgewogen, und darum besitzt dieses Wasser sowohl magnetische als auch elektrische Energie. Altes und fossiles Wasser enthält Spuren von kolloidem Silber, einem antibakteriellen Element, das heute in Wasserfiltern benutzt wird.

Wasserstrukturen und Schwingungen

Wie aber entnehmen die Zellen dem Wasser Informationen? Wird unser Körper allein von chemischen Reaktionen gesteuert? Ein Mensch und jedes andere Lebewesen ist mehr als eine Ansammlung von Chemikalien. Dagegen ist eine Leiche nur ein physikalisches Objekt, das sich in einzelne Chemikalien auflöst. Der Unterschied liegt in der Lebenskraft, der Energie – im *Chi* oder *Prana*. Gesundes Wasser hat eine stabile, dreidimensionale, kristalline Mikrostruktur, die es ihm ermöglicht, Informationen aufzunehmen und zu übertragen. Dieser Struktur verdankt es seine Fähigkeit zu kommunizieren. (Das gleiche gilt für Zellwasser, extrazelluläres Wasser, Trinkwasser oder Wasser in der Umwelt.) Zellen kommunizieren mit Hilfe von Schwingungen. Eine Zelle ist eine bioelektronische Fabrik, ein Oszillator und ein winziger Radioempfänger. Gesunde Zellen schwingen mit bestimmten Frequenzen. Von diesen Schwingungen hängt das Leben ab, denn sie ermöglichen es der Zelle, Informationen aus dem Wasser aufzunehmen, das wir trinken und das durch unseren Körper zirkuliert. Ist der Energiefluß im Körper blockiert, werden wir krank.

Gesundheit und Energie des Wassers verändern sich durch Bewegung, Temperaturwechsel sowie elektrische, magnetische und elektromagnetische Felder. Wir können gesund bleiben, indem wir gutes Wasser mit einer gesunden Struktur und viel Energie zu uns nehmen. Manche Heilverfahren machen sich das Wissen über die Schwingungsenergie des Wassers und des menschlichen Körpers zunutze.

Gesundes Wasser für einen gesunden Körper

Wir bestehen zum größten Teil aus Wasser, und dieses Wasser ist der Kanal für alle physikalischen und chemischen Veränderungen im Körper. Ein Neugeborenes besteht zu etwa 97 Prozent aus Wasser, ein gesunder Erwachsener zu 75 Prozent. Wenn wir älter werden, enthalten wir nur noch rund 65 Prozent Wasser. Das Gehirn besteht zu 75 Prozent aus Wasser, die Knochen zu 22 Prozent und der Zahnschmelz immerhin zu zwei Prozent.

Die chemischen und biologischen Reaktionen im Körper sind fein aufeinander abgestimmt und hängen von den erstaunlichen Eigenschaften des Wassers ab. Wir sind auf das Wasser als Katalysator, Transportmittel, Thermostat und Träger von Nährstoffen und elektrischen Impulsen angewiesen.

Der Körper besteht aus Billionen von Zellen, die eine wässerige Flüssigkeit trennt und füllt. Diese Wasserbilanz ist der Schlüssel zur Gesundheit. Ein Mensch kann mehrere Wochen ohne feste Nahrung auskommen; aber ohne Wasser stirbt er in wenigen Tagen. Schon ein Verlust von zwei Prozent des extrazellulären Wassers verringert unsere Energie um zwanzig Prozent. Wir müssen täglich etwa acht Gläser Wasser trinken, um gesund zu bleiben. *(siehe Seite 104)*.

Es ist nicht umstritten, daß unsere Gesundheit vom Energieaustausch im Körper abhängt und daß dieser seinerseits auf Wasser angewiesen ist – und auf die Gesundheit des Wassers, das wir zu uns nehmen. Das Wasser in den Zellen und zwischen ihnen muß die richtige Polarität haben, damit es geeignete Natrium-, Kalium- und Magnesiumionen einfangen kann, die das Innere der Zellen ernähren. Die Polarität des Wassers hängt vom Austausch positiver Ionen ab. Das Gleichgewicht zwischen Kalium und Natrium im Körper ist überaus wichtig. Wenn ein Mangel an einem dieser Mineralien besteht, arbeitet die Zelle nicht mehr richtig, weil unter anderem das lebenswichtige Säure-Basen-Gleichgewicht gestört ist.

Eine gesunde Zelle entnimmt der Interzellularflüssigkeit Nährstoffe, und die Osmose durch die Zellmembran sorgt für ein Gleichgewicht zwischen dem Wasser in der Zelle und außerhalb der Zelle. Das zelluläre Wasser, das die Zelle umgibt, ist weniger konzentriert,

Wenn wir nicht genug Wasser trinken, trocknen wir aus, und die Folge sind chronische Krankheiten. Wir sollten täglich zwei Liter reines, gefiltertes Wasser trinken. Nur wenigen Menschen steht völlig gesundes, sauberes Wasser zur Verfügung. Aber Sie müssen auch nicht mit schweren Krankheiten rechnen, wenn Sie Leitungswasser trinken. Wenn Sie an der Qualität Ihres Trinkwassers zweifeln und keinen Filter besitzen, sollten Sie in jedem Liter Wasser einen Teelöffel Vitamin-C-Pulver auflösen, damit das Wasser leicht sauer wird und der Körper es leichter absorbieren kann.

Alkohol, Tee, Kaffee und Limonaden wirken stark harntreibend, also entwässernd. Wenn Sie zuviel davon trinken, brauchen Sie logischerweise nicht weniger Wasser, sondern viel mehr.

so daß das äußere Wasser Giftstoffe aus dem Inneren der Zelle aufnehmen kann. Wenn das Trinkwasser zu viele Elektrolyte enthält – bestimmte Mineralien und giftige Schwermetalle, die der Körper nicht aufnehmen kann –, wird die Polarität des extrazellulären Wassers gestört und die Richtung der Osmose kann sich sogar umkehren. In Extremfällen sind Krankheiten, etwa Krebs, die Folge.

Die Gesundheit der Körperzellen wird durch einen ständigen Erneuerungsprozeß aufrechterhalten. Alles, was diesen Vorgang stört, führt zum Zellverfall, also zu Krankheiten und vorzeitiger Alterung. Es ist wichtig, sauberes und gesundes Wasser zu trinken; denn je komplexer die Giftstoffe im Wasser sind, desto schwieriger ist es, sie unschädlich zu machen und die Zellen mit Nährstoffen zu versorgen und zu erneuern. Es besteht ein unmittelbarer Zusammenhang zwischen der Sauberkeit des Wassers, der Zellerneuerung und der Alterung. Eine uralte indische Methode, Kaya Kalpa, kann den Alterungsprozeß aufhalten oder sogar umkehren. Dabei muß der Kranke fasten und gesundes Wasser trinken, um die körperliche Reinigung zu fördern und dadurch die Meditation zu unterstützen.

So können Sie Ihren Kindern helfen, gesunde Trinkgewohnheiten zu entwickeln:

- *Gewöhnen Sie Ihre Kinder möglichst nicht an verpackte Fruchtsäfte und Limonaden.*
- *Stellen Sie immer einen Krug mit gefiltertem Wasser in den Kühlschrank, oder bringen Sie am Wasserhahn einen Filter an.*
- *Erklären Sie Ihren Kindern, daß eiskaltes Wasser dem Körper schadet.*
- *Kaufen Sie kein Fruchtsaftkonzentrat.*
- *Ermutigen Sie Ihr Kind statt dessen, eine Scheibe frisches Obst ins Glas zu legen.*

Subtile Energiewechsel

Wasser speichert nicht nur molekulare Informationen und leitet sie weiter; es nimmt auch extrem subtile Energien auf. In den sechziger Jahren machte der kanadische Forscher Bernard Grad viele Experimente mit Wasser, das Heiler behandelt hatten. Er wies nach, daß dieses Wasser das Wachstum von Pflanzensamen beschleunigt. Wasser, das mit einem depressiven Menschen in Berührung gekommen war, hatte die gegenteilige Wirkung. Wasser überträgt also positive und negative subtile Energie. Als Grad das „Heilwasser" analysierte, stellte er fest, daß der Winkel der Wasserstoffbindung im Wassermolekül sich leicht, aber meßbar verändert hatte.

Wasser kann selbst Menschen beeinflussen, die es nicht berühren. Auf einer Konferenz in Großbritannien berichtete ein schwedischer Wissenschaftler vor kurzem, das Wasser aus einigen Bergquellen habe sogar dann eine heilende Wirkung auf Kranke, wenn diese sich nur in seiner Nähe aufhielten. Dieses wundersame Wasser hat wahrscheinlich eine ähnliche Struktur wie

Eis und enthält Mineralien aus dem Gebirge – oder die Erinnerung daran.

Immer mehr Heilverfahren orientieren sich an dem uralten chinesischen und indischen Prinzip, wonach die Energien des Körpers ausgewogen sein müssen. Heiler versuchen, das Energiefeld (das bioelektromagnetische Feld des Körpers) zu harmonisieren, das Struktur und Funktion der Zellen reguliert. Ihr Ziel ist es, auf der Ebene der Lebenskraft wieder Ordnung und Harmonie herzustellen. Subtile Energien, die Lebenskraft spenden, umgeben uns auf der spirituellen, mentalen, astralen und ätherischen Ebene, die jeweils mit unterschiedlichen Frequenzen schwingen.

Die alten Griechen hielten den Äther für das fünfte Element, das alles Leben unsichtbar einhüllt und durchdringt und das Zusammenspiel der anderen Elemente (Erde, Feuer, Wasser, Luft) steuert. Heute betrachten wir den Ätherkörper als Energieschablone des physischen Körpers. Körperliche Krankheiten können auf der ätherischen Ebene beginnen, noch bevor es zu zellulären Veränderungen kommt.

Sensitive Menschen sehen den Ätherkörper als farbige Aura, die den materiellen Körper umgibt. Die verschiedenen Schichten dieser Aura entsprechen den physikalischen, seelischen, mentalen und spirituellen Aspekten des Menschen. Der Äther- oder Energiekörper beeinflußt die Gefühle, den Verstand und die Stimmung, aber auch den physischen Körper.

Versuchen Sie ein einfaches Experiment, das Joseph Bender, ein Wasserforscher in Texas, vorgeschlagen hat. Nehmen Sie destilliertes Wasser, und gießen Sie in fünf saubere Gläser jeweils die gleiche Menge. Halten Sie eines der Gläser in den Händen, und projizieren Sie liebevolle und heilende Gedanken ins Wasser. Bitten Sie dann Versuchspersonen, das Wasser zu trinken. In Benders eigenen Experimenten, die er viele Male wiederholte, identifizierten 6 von 10 Erwachsenen und 9 von 10 Kindern das „behandelte" Wasser – ein wissenschaftlich bislang ungeklärtes Phänomen.

Der chinesischen Medizin zufolge fließt die subtile Energie *Chi* aus der Umgebung durch spezielle Kanäle, Meridiane genannt, in die Nerven, Blutgefäße und Organe des Körpers. Die indische Medizin nimmt sieben Energiezentren oder Chakren an, die jeweils mit einem wichtigen Nerven- und Drüsenzentrum in Verbindung stehen. Die Chakren sind durch Energiefäden, die *Nadis*, miteinander verbunden; sie transformieren subtile Energie und leiten sie als hormonale, nervöse und zelluläre Botschaften im Körper weiter. Die wichtigsten Chakren – Krone, Stirn und Hals – sind zugleich subtile Sinnesorgane; ihnen verdanken wir die höhere Intuition und Fähigkeiten wie Hellsehen und Hellhören.

Wasser nimmt Sonnenenergie auf. Diesen Vorgang nennt man „Solarisieren". Die positive elektrische und magnetische Energie der Sonne gleicht die gesunde negative elektrische und magnetische Energie im Wasser aus. Es entsteht also ein Gleichgewicht zwischen Wasser und Feuer oder Yin und Yang.

Blütenessenzen

Die Blüten einer Pflanze enthalten ein Maximum an Lebenskraft, weil sie das Wachstum der Pflanze krönen. Bachblüten nutzen die Energie des Sonnenlichts, um die Essenz einer Blüte auf Wasser zu übertragen. Das Wasser enthält dann sowohl Pflanzen- als auch Sonnenenergie. Das Sonnenlicht, das auf eine Pflanze einwirkt, überträgt eine elektrische Ladung von der Pflanze auf das Wasser. Unter dem Einfluß des Sonnenlichts wird der Morgentau so vitalisierend, daß die Inder einen Spaziergang mit bloßen Füßen im Tau traditionell als Heilmittel betrachten.

Edward Bach war ein englischer Arzt, der in den zwanziger Jahren Homöopath wurde. Er wandte die Methoden Hahnemanns auf individuelle Eigenschaften und Neigungen zu bestimmten Krankheiten an und gelangte zu der Überzeugung, daß Gefühle und Persönlichkeitszüge bei solchen Anfälligkeiten eine Rolle spielen. Seiner Meinung nach sind Krankheiten die Folge von Disharmonien zwischen dem physischen Körper und dem höheren Selbst.

Bach reagierte überaus empfindsam auf subtile Energien und konnte die Wirkungen der Blüten an sich selbst genau beobachten. Er bereitete Blütenarzneien zu, indem er die Blüten einer bestimmten Art in eine mit Wasser gefüllte Schale streute und die Schale mehrere Stunden in die Sonne stellte. Dann entfernte er die Blüten und mischte das Wasser mit Alkohol, um die Essenz zu stabilisieren.

Blütenessenzen heilen durch Energie. Die „Essenz" einer bestimmten Blüte wird dem Wasser „aufgeprägt", um eine Reihe von seelischen Störungen zu heilen. Blütenessenzen beeinflussen den physischen Körper über die Gefühle. Offenbar kann man mit ihnen besonders gut auf die Chakren und Meridiane einwirken, während homöopathische Arzneien feinstoffliche Informationen mit bestimmten Frequenzen liefern, die eher die physische (molekulare) Struktur des Körpers beeinflussen. Bachblütenessenzen packen die Probleme also an der seelischen, homöopathische Arzneien an der körperlichen Wurzel. Wenn wir Essenzen einnehmen, wird ihre Energie verstärkt und absorbiert, weil zwischen ihnen und dem strukturierten Wasser im Körper eine Resonanz besteht.

Die 38 Bachblütenessenzen eignen sich für die ganzheitliche Behandlung. Mimulus (gefleckte Gauklerblume) hilft gegen Angst, Skleranthus (einjähriger Knäuel) gegen Unentschlossenheit, White Chestnut (Roßkastanie) gegen Grübelsucht, Star of Bethlehem (Goldiger Milchstern) gegen Schock. Die „Rescue Remedy" (Notfalltropfen) wird oft bei Streß benutzt.

Heilende Energie im Wasser

Die Resonanz *(siehe Seite 57)* ist die Grundlage aller feinstofflichen Heilmethoden. Die Moleküle, aus denen die Körpergewebe bestehen, sind elektrisch geladen, und viele körperliche Krankheiten sind hauptsächlich die Folge einer Abweichung von der elektrischen Norm in der Molekülstruktur.

Man nimmt an, daß jedes Molekül sein eigenes Klangmuster besitzt und eine charakteristische Schwingung abgibt. In einem gesunden Organ arbeiten die Moleküle harmonisch zusammen. Jede Störung dieses Einklangs führt zu Krankheiten.

Die Cymatik ist eine Heilweise, die versucht, die körperliche Harmonie wiederherzustellen, damit der Organismus auf der für ihn geeigneten Frequenz schwingt. Kranke Zellen weichen von dieser Frequenz ab; aber man kann sie harmonisieren, indem man sie mit Schallwellen behandelt.

Die Cymatik arbeitet mit Resonanzen. Stellen Sie sich ein Orchester vor, das Beethovens „Hymne an die Freude" spielt – mit Ausnahme eines Geigers, der ein Schlaflied bevorzugt. Vielleicht hält der Rebell das eine Weile durch; doch bald überwältigt ihn der Klang des großen Orchesters, er „ertrinkt" in der Energie und Resonanz der Mehrheit und wird gezwungen, mitzumachen oder aufzuhören. Das geschieht auch in der Cymatik: Kranke Zellen ertragen Schall, der auf sie gerichtet wird, nicht lange, wenn er dieselbe Frequenz hat wie die gesunden Zellen. Darum beginnen sie nach einiger Zeit, auf der gesunden Frequenz zu schwingen.

Die Aquasonik, die der Engländer Peter Guy Manners entwickelt hat, benutzt dieses Prinzip als Grundlage für ihre Heilverfahren. Dabei ist Wasser das Medium, das Schallwellen auf einen Kranken überträgt. Man behandelt kranke Körperteile mit natürlichen Schallwellen, die mit den natürlichen Körperprozessen harmonieren.

Um die Schallwellen zu übertragen, benutzt die Aquasonik bestimmte Frequenzen in einer Wanne oder einem Becken mit mineralisiertem Quellwasser, das frei von Chemikalien und somit frei von anderen feinstofflichen Informationen ist. Dieses Wasser wird zunächst durch einen elektrochemischen Prozeß strukturiert und mit Energie geladen, damit es die Schallwellen absorbieren kann. Die Schallwellen bleiben dann bis zu zwölf Wochen lang wirksam.

Es gibt derzeit mehrere Methoden, um Wasser mit Energie zu erfüllen, und einige moderne Techniken eignen sich auch für den häuslichen Gebrauch *(siehe Kapitel 3)*.

Die Heilung durch Schallwellen ist keineswegs neu; sie ist ein nicht unwichtiger Teil der chinesischen und tibetischen Medizin und wird auch in der modernen Landwirtschaft noch angewandt, zum Beispiel als „Tonsingen" *(siehe Seite 97)*.

Kristalle und Farben

Es ist kein Zufall, daß das gesündeste Wasser eine stabile, kristallähnliche Struktur hat, so daß es Energie aufnehmen, weiterleiten und übertragen kann. Kristalle sind sehr wirksam; der Mensch benutzt sie seit Jahrtausenden, um Kranke mit Energie aus der unsichtbaren Welt zu heilen.

Die alten Ägypter bauten nicht nur Pyramiden, um irdische und kosmische Energien einzufangen, sondern zermahlten auch Edelsteine, vermischten sie mit Flüssigkeiten und tranken die Mixturen als Arzneien. Moderne Edelsteinelixiere können ebenfalls Wasser mit Energie erfüllen und Kranke heilen.

Pflanzen, Tiere und Steine haben eine Aura, ein bioelektromagnetisches Feld. Diese Aura oszilliert auf einer spezifischen Frequenz und wird von anderen Feldern beeinflußt, mit denen sie in Kontakt kommt. So kommunizieren organische und anorganische Objekte (z. B. Zellen und Kristalle) miteinander.

Die Edelsteinmedizin wird, ebenso wie die Cymatik, auch „passive Resonanztherapie" genannt. Auch sie geht davon aus, daß jede Zelle auf ihrer eigenen, spezifischen Frequenz schwingt und daß Kristalle diese Frequenzen harmonisieren können.

So wie das Wasser uns zurückgibt, was wir hineintun, ist auch unsere Beziehung zu Kristallen überaus wichtig: Sie schwingen offenbar auf einer natürlichen, heilenden Frequenz, die von unseren Absichten beeinflußt wird. Kristalle spenden jedem, der Hilfe sucht, heilende Energie.

Da das Wasser Schwingungen am besten speichert, ist die Edelsteintherapie am wirksamsten, wenn man sie mit Wasser kombiniert. Wenn Sie erschöpft sind, nehmen Sie ein entspannendes Bad zwischen Kristallen, die Sie im Raum verteilt haben, oder geben Sie Aura-Soma-Arzneien ins Wasser. Letztere vereinigen die Energien von Kristallen, Pflanzen und Farben und harmonisieren das bioelektromagnetische Feld des Körpers.

Farben besitzen Energie. Jede Farbe schwingt auf einer bestimmten Frequenz, und verschiedene Farben befriedigen bestimmte körperliche und seelische Bedürfnisse. Wenn Sie ängstlich oder erschöpft sind, lenkt Lavendel beruhigende und entspannende Energie in Ihren Körper, erzeugt ein Gefühl des Wohlbefindens und stärkt das Immunsystem.

Manche Menschen bedeckten Wasserflaschen mit farbigen Tüchern, damit das Wasser ihre Energie aufnimmt; andere baden in gefärbtem Wasser und absorbieren so die Lichtfrequenzen mit dem gesamten Körper.

KAPITEL 3

Lebensenergie Wasser

Jedes lebende Wesen braucht Energie. Menschen verfügen in unterschiedlichem Umfang darüber. Manchmal fühlen wir uns dynamisch, ein andermal ausgelaugt. Im Augenblick des Todes ist die Energie erschöpft. Wasser ist keine Ausnahme: Bisweilen ist es voller Energie, mitunter ist es erschöpft und manchmal stirbt es. Während alle anderen Lebewesen sich nach dem Tod auflösen, sieht totes Wasser für das ungeübte Auge immer noch wie Wasser aus. Darum erwarten wir von ihm die gleiche Wirkung wie von gesundem, belebendem Wasser.

Besuchen Sie einmal eine Bergquelle. Betrachten Sie das Wasser, lauschen Sie ihm, schmecken Sie es, erfahren Sie es. Vergleichen Sie dieses Erlebnis mit dem Füllen eines Glases unter dem Wasserhahn. Oder gehen Sie an einem Fluß spazieren, dessen Wasser Steine und Felsen umspült, Wirbel bildet und sich in vielen Windungen zum Meer schlängelt. Besuchen Sie dann ein städtisches Wasserwerk, wo das Wasser mit Beton und Schleusen gezähmt wird.

Alles ist Wasser, aber Qualität und Quantität sind sehr unterschiedlich. Das sprudelnde Wasser einer Quelle oder eines Baches enthält nicht nur Mineralien in großer Menge, sondern besitzt auch sehr viel mehr Lebenskraft. Das stille Wasser im Reservoir, aus dem wir unseren Bedarf decken, enthält dagegen fast keine Energie und ist daher unfähig zu kommunizieren.

Die Wirkung des Wassers in der Natur spiegelt seine Wirkung im menschlichen Körper wider. Ein fließender Strom reguliert und reinigt sich selbst; er ist gesund und frei von Algenansammlungen. Ein Tümpel mit stehendem Wasser ist demgegenüber mit Bakterien aller Art gefüllt. Ein gesunder Körper beherbergt eine ausgewogene Bakterienflora und kann sich ebenfalls selbst heilen.

Wenn wir in einen stillen Teich einen Springbrunnen einbauen, wird das Wasser sauberer, lebendiger, gesünder und kraftvoller, und das mikrobiologische Gleichgewicht wird wiederhergestellt. Das ist der gleiche Prozeß, der sich im Körper abspielt, wenn er gesundes Wasser bekommt. Er kann dann einwandfrei arbeiten, weil alle wichtigen biologischen Reaktionen gefördert werden. Es ist für den Organismus viel schwerer, ungesundes Wasser aufzunehmen und dennoch gesund zu bleiben.

Nicht allen Menschen steht frisches, gesundes, energiereiches Wasser zur Verfügung. Gehen Sie daher so oft wie möglich an frischem Wasser spazieren, tauchen Sie die Füße hinein, benetzten Sie das Gesicht damit. Wenn Sie eine saubere Quelle kennen, füllen Sie eine Glasflasche und nehmen Sie sie mit nach Hause. Sie können sogar dem Leitungswasser einen Teil seiner Energie zurückgeben, wenn Sie es umrühren oder vor dem Trinken oder Kochen eine Weile in einem Krug an einen kühlen, dunklen Platz stellen.

Viktor Schauberger und das Wasser

Wie können wir Wasser heilen? Anfang des 20. Jahrhunderts trug Viktor Schauberger, ein junger österreichischer Förster, viel dazu bei, daß wir heute die vitalen Energien des Wassers verstehen. Er wird oft als „Wassermagier" bezeichnet. Zu seinen Erkenntnissen gelangte er, als er lebendes Wasser beobachtete: wie es sich dahinschlängelt, wie Schlangen sich darin bewegen, wie kaltes Wasser selbst Steine auf der Oberfläche trägt.

Vergessen Sie nicht, daß Wasser im menschlichen Körper genau so reagiert wie in der Natur. Wenn wir den Körper wie eine Maschine behandeln, leidet er unter Streß und wird krank. Wenn wir ihn pfleglich behandeln, auf seine Bedürfnisse Rücksicht nehmen und ihm die notwendige Ruhe sowie gesunde Nahrung und gesundes Wasser geben, dankt er es uns. Alles, was wir mit dem Wasser und mit dem Körper tun, fällt auf uns zurück.

Er kritisierte an erster Stelle, daß Maschinen und industrielle Prozesse die Luft und das Wasser in gerade Linien zwingen. Das ist eine Bewegung, welche die Natur nur benutzt, um Materie aufzulösen. Statt dessen sollte die Technik sich ein Beispiel an der Natur nehmen und dadurch Harmonie statt Reibung erzeugen.

Ende der zwanziger Jahre förderte Schauberger umweltfreundliche technische Verfahren. Er zeigte, wie man der Erosion und der Wasserverschmutzung vorbeugen kann, indem man Wasser wie in der Natur fließen läßt, und er entwarf Geräte, die dem Wasser Energie entnehmen können. Er empfahl landwirtschaftliche Methoden, die den Boden ohne Kunstdünger fruchtbar machen, und ging dabei von der Struktur, dem Mineralgehalt und der Polarität des Bodens sowie von seinen Reaktionen mit Wasser aus. Die meisten technischen Probleme lassen sich seiner Meinung nach durch zyklische, spiralförmige Bewegungen lösen, wie sie typisch für das Wachstum in der Natur sind. Wenn wir das Wasser richtig behandeln, erklärte er, sind Frieden und Wohlstand die Folge.

Einer der ersten, dem das Wasser am Herzen lag, war Platon. Der griechische Philosoph warnte vor den Folgen der Waldvernichtung für die Gesundheit des Wassers. Wenn Bäume gefällt werden, verschwindet der Schatten, der Boden erodiert, Wasserläufe ändern ihren Weg, das Wasser schwemmt Boden fort und verliert seine Energie.

Schauberger wurde einige Male von Hitler und von den Regierungen Rußlands und Amerikas umworben. Obwohl sein Werk aufzeigte, wie wir viele Probleme in der Umwelt und in der Technik lösen können, stellte er für viele anerkannten und lukrativen Praktiken eine Bedrohung dar. Schauberger starb verarmt und einsam, und die Behörden ließen seine Aufzeichnungen vernichten.

Die spiralförmigen Rhythmen des Wassers

Wir haben schon als Kinder gelernt, daß wir nicht aus einem Teich mit stehendem Wasser trinken dürfen, sondern nur aus einem fließenden Gewässer. Fließendes Wasser ist sauber und gesund, aber stehendes Wasser kann gefährliche Keime enthalten. Stehendes Wasser ist tot, weil das Leben auf Bewegung und Rhythmus angewiesen ist. Denken Sie an den Herzschlag, den Blutkreislauf, die Strömungen im Meer, die Wellen im Ozean, die Gezeiten. Alles, was diese Rhythmen stört, stört die Lebensprozesse.

Beobachten Sie einen Wassertropfen oder ein Wasserbläschen. Sie können darin die gleichen Bewegungen sehen wie im Dampf über einer Tasse Tee oder in einem Fluß: Wirbel, Spiralen und verschiedene Schichten, die zusammenfließen und sich wieder trennen. Solche Schichten gibt es auch im Wasserkreislauf: Wirbel aus feuchter Luft über dem Land, Wirbel und Strömungen in Flüssen, Wasserwirbel, die als Schweiß von lebenden Wesen aufsteigen. Jeder einzelne Wassertropfen ist ein Mikrokosmos mit den gleichen Rhythmen und Mustern wie das Universum.

Wasser versucht immer, eine Kugel zu formen. In einem Fluß verwandelt diese Kugel sich in eine spiralförmige Bewegung, weil die Schwerkraft die Strömungen hinaus aufs Meer zieht. Wenn Wasser als Regen niederfällt oder langsam aus einem Krug gegossen wird, teilt es sich in Tropfen, die sich jeweils spiralförmig bewegen und eine vollkommene Kugel bilden, ehe sie zerbersten.

Kein schöpferischer Prozeß in der Natur folgt geraden Linien, und viele Gewässer leiden darunter, daß wir sie in gerade Kanäle zwingen. Ein natürlicher Bach fließt niemals geradeaus, sondern schlängelt sich in seinem eigenen Rhythmus dahin. Sein Wasser steht nie still, sondern bewegt sich in wirbelnden Schichten, die ständig mit verschiedenen Geschwindigkeiten aneinander vorbeifließen. Wenn Sie den Dampf über einer Tasse Tee beobachten, sehen Sie, wie er sich nach oben schlängelt – das ist eine ähnliche geschichtete Bewegung.

Das Herz pumpt große Mengen an Blut in ständig pulsierenden Arterien und Venen auf einer „Achterbahn" durch den gesamten Körper.

Wasser ist das Element, das alle anderen Elemente vereinigt; es ist das Band zwischen den Lebewesen, die Essenz aller zirkulierenden Systeme. Seiner Natur nach kehrt es zum Ganzen zurück. Wer seinem natürlichen Lauf nicht folgen darf, ist enttäuscht und verliert Energie. Wenn Wasser in geraden Kanälen und Röhren fließen muß, verliert es einige wichtige Eigenschaften. Natürlich hat Leitungswasser enorme Vorteile, aber es hat eben auch seine Tücken. Wenn wir die natürlichen Prozesse im lebendigen Wasser verstehen, können wir dafür sorgen, daß uns gesundes, belebendes Wasser zur Verfügung steht.

Energiespiralen

Energiespiralen sorgen dafür, daß der Saft in Pflanzen steigt, daß sich Tropfen bilden, daß Muscheln auftauchen und daß DNS-Fäden sich als Reaktion auf Informationen, die das fließende Zellwasser ihnen gibt, öffnen und schließen. Gesundes Wasser bildet beim Fließen von Natur aus Spiralen.

An der Oberfläche eines Baches fließt das Wasser spiralförmig und rhythmisch von der Innenseite einer Kurve zur Außenseite, wo es sich nach unten wendet und am Boden entlang zum inneren Ufer strömt. Dort steigt es wieder nach oben. In jedem Bach fließt das Wasser am Ufer langsamer als in der Mitte, so daß schnelle Schichten ständig die langsamen Schichten überholen. Die Folge ist ein Labyrinth aus Übergangszonen im Wasser, die sich unaufhörlich verändern.

Theodor Schwenk, ein Lehrer und Anhänger Rudolf Steiners, arbeitete viele Jahre lang mit Wasser. Für ihn war das Wasser das „Sinnesorgan" der Natur, weil es auf die kleinsten Veränderungen der Umwelt reagiert.

Wenn eine Wasserschicht einer anderen begegnet, die sich ebenfalls spiralförmig bewegt, bilden sich Wellen. Das geschieht, wenn eine Schicht schwerer ist als die andere (Salzwasser ist schwerer als Süßwasser, schlammiges Wasser ist schwerer als klares Wasser) oder wenn die Temperatur unterschiedlich ist (zum Beispiel am Ufer und in der Mitte) oder wenn die Schichten verschieden schnell fließen oder wenn das Wasser auf ein Hindernis (etwa ein Stück Holz oder ein Felsen) stößt.

Wenn eine Welle sich überschlägt, fängt sie Luft ein, die sie nach dem Zusammenbruch ans Wasser abgibt. Das Wasser bildet dann Wirbel oder Strudel, senkrechte Energiespiralen im Wasser, die ihren eigenen, pulsierenden Rhythmus haben.

Die Schichten eines Strudels drehen sich mit unterschiedlichen Geschwindigkeiten, und der ganze Strudel pulsiert rhythmisch auf und ab. Wasser spürt jede Veränderung in seiner Umgebung und versucht, sich daran anzupassen, indem es sofort seinen Rhythmus ändert. Ein Strudel ist ein typischer Rhythmus innerhalb des Gesamtrhythmus der Strömung, ein charakteristisches Phänomen in fließendem Wasser.

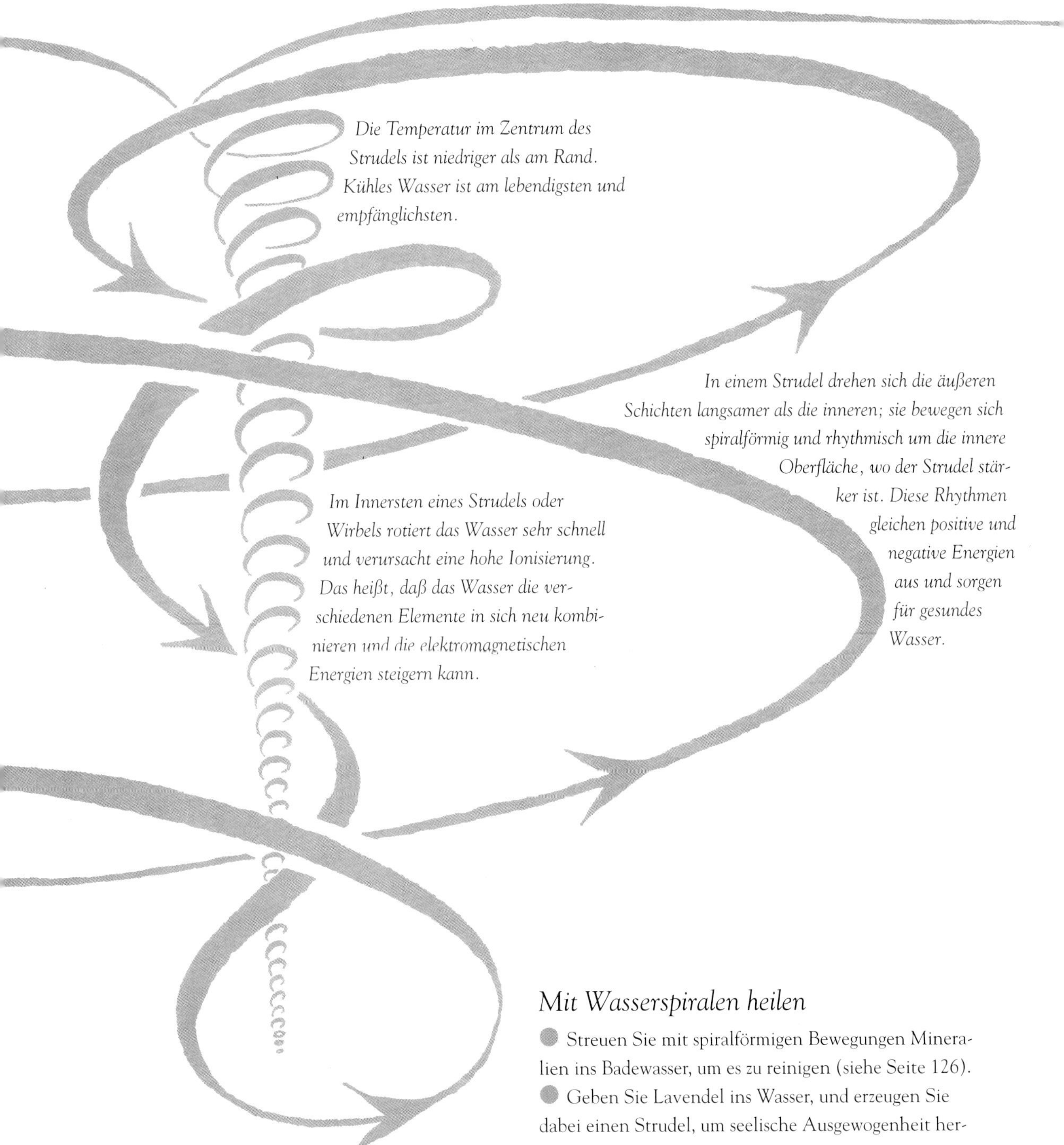

Mit Wasserspiralen heilen

- Streuen Sie mit spiralförmigen Bewegungen Mineralien ins Badewasser, um es zu reinigen (siehe Seite 126).
- Geben Sie Lavendel ins Wasser, und erzeugen Sie dabei einen Strudel, um seelische Ausgewogenheit herzustellen (siehe Seite 127).
- Installieren Sie eine kleine Wasseranlage im Haus.
- Damit Ihr Garten gesund bleibt, sollten Sie die Grundsätze der Biodynamik beachten und durch Umrühren Strudel im Gießwasser erzeugen (siehe Seite 97)

Die inneren Wasserschichten in einem Strudel fließen in einer engen Spirale und viel schneller als die äußeren. Während die verschiedenen Oberflächen sich rhythmisch ausdehnen und zusammenziehen, übertragen sie Informationen an den Fluß. In der Mitte eines Flusses entstehen Strudel durch das Zusammenspiel von Strömungen. Rhythmus und Bewegung verleihen dem Wasser bestimmte Formen.

Die Geschwindigkeit des Wassers im Zentrum eines Strudels ist entscheidend für seine Energie. Die rasche, spiralförmige Bewegung des Wassers beeinflußt alles, was mit ihr in Kontakt kommt. Sie sorgt dafür, daß das Wasser auf andere Elemente reagiert und auf sie einwirkt, daß es sich anpassen und seine Geschwindigkeit ändern kann, daß es die molekularen Bindungen leicht lösen und wiederherstellen kann, so daß die Elemente, die es mit sich trägt, ständig neue Kombinationen eingehen. Wenn die Bindungen brechen und sich neu bilden, werden Elektronen ausgetauscht und die elektromagnetische Energie des Wassers steigt, so daß es Schwingungen und physikalische Informationen weiterleiten kann.

Leonardo da Vinci schrieb 1492:
„Man beachte, wie sehr die Bewegung des Wassers der des Haares ähnelt. Letzteres bewegt sich auf zweierlei Weise, einmal dank seines Gewichts und zum anderen wegen seiner Neigung, Wellen zu bilden. Das Wasser hat ebenfalls Wellen, die zum Teil dem Hauptstrom, zum Teil den Regeln des Zufalls und der Reflexion folgen."

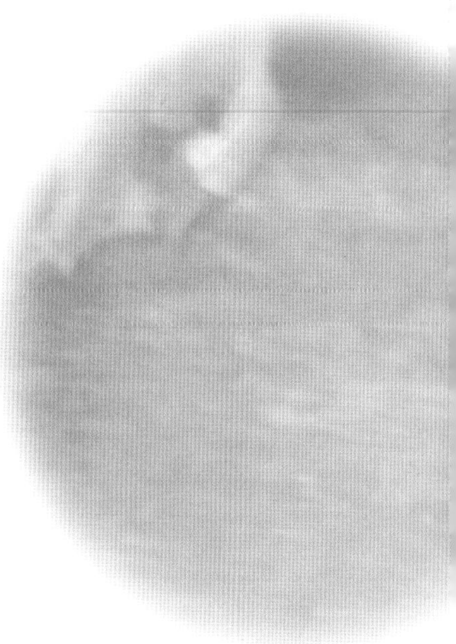

ENERGIEWIRBEL

Wenn lebende Wesen und Systeme sich entwickeln, treten immer wieder spiralförmige Bewegungen auf – im strömenden Wasser, im Blut und im Pflanzensaft, in Spiralnebeln und in Planetensystemen.

Im Wasserstrudel entsteht Energie durch die Wechselwirkung mit anderer Materie. Wenn Sie beispielsweise Wasser durch einen spiralförmigen, hölzernen Kanal leiten, versorgt die spiralförmige Bewegung selbst das Wasser mit Energie. Das so „angereicherte" Wasser reagiert mit der Dichte und Molekularstruktur des Holzes, wenn die Wassermoleküle mit ihm in Berührung kommen.

Die Reibung des Wassers am Holz, die Geschwindigkeit und Energie des Wassers sowie die Dichte und Struktur des Holzes erzeugen Energie; ihre Menge hängt von der Fließgeschwindigkeit des Wassers und von seiner Temperatur ab. Warmes, stehendes Wasser enthält keine Energie.

Kühlendes Wasser

Nicht nur die Bewegung beeinflußt die Energie des Wassers, sondern auch die Temperatur. Diese läßt sich durch kleine Temperaturschwankungen in der Umgebung nur schwer beeinflussen. Eine kleine Änderung der Wassertemperatur hat jedoch erhebliche Folgen für das Verhalten des Wassers. So wie ein Sinken oder Fallen der Körpertemperatur um 0,1 °C unser Verhalten beeinflußt, hat eine kleine Temperaturschwankung im Wasser eine beträchtliche Wirkung auf seine Gesundheit. Wasser ist im wörtlichen und im übertragenen Sinne das Blut der Erde.

Wasser, das zu lange der Sonne ausgesetzt ist, wird träge – genau wie ein Mensch. Kühles Wasser ist frisch und lebendig, vor allem nachts, und kann wesentlich dichtere Objekte leicht mit sich tragen. Wasser ist ein lebendes Wesen, das auf seine Umwelt reagiert.

Wasser bewegt sich am schnellsten, wenn es kühl ist und seine größte Dichte (knapp unter dem Gefrierpunkt) hat. Es verändert sich ständig, und wenn es durch ein warmes, von der Sonne beschienenes Tal fließt, reagiert es anders als in einem kühlen Wald. Am meisten Energie enthält das Wasser einer kühlen, schattigen Quelle. Im Inneren eines Strudels ist das Wasser kühler als in den äußeren Schichten. Kühles Wasser ist am lebendigsten, und es speichert und übermittelt physikalische und feinstoffliche Informationen am besten.

Beobachten Sie Forellen oder Lachse, die auf dem Weg zu ihren Laichgründen einen Wasserfall hinaufspringen. Sie scheinen nach oben zu gleiten und mühelos stromaufwärts zu schwimmen. Aber sie sind zu diesen Sprüngen nur fähig, wenn das Wasser energiereich, kalt und dynamisch ist. Während der Fisch unter dem Wasserfall tanzt – an der kältesten Stelle des Flusses –, sammelt er Energie aus den Strudeln, die sich an ihm reiben. Dann hüpft er nach oben, taucht aus einem Wasserwirbel auf und gleitet ohne sichtbare Anstrengung hinauf. Die Temperatur ist entscheidend. Bei 4 °C ist das Wasser am dichtesten und vitalsten. Wird es nur um 0,1 °C erwärmt, können die Fische ihrem Weg nicht mehr folgen. Die Form des Fisches ist ebenfalls wichtig. Er gleicht einem verlängerten Ei, so daß das Wasser spiralförmig an ihm entlang fließt und ihn optimal mit Energie versorgt.

Die physikalischen und subtilen Eigenschaften des Wassers lassen sich nicht trennen; sie alle sind Teil seiner Lebenskraft. Wasser wird von physikalischen Informationen beeinflußt. Die Bewegung und der Rhythmus, die dem Wasser bei bestimmten Temperaturen seine Energie geben, ermöglichen es ihm, Informationen in Form von Materie und Schwingungen weiterzuleiten. Alles hängt miteinander zusammen. Wenn wir die Natur des Wassers verstehen, wird uns klar, wie wichtig gesundes Trinkwasser ist, das physikalische und subtile Informationen in den Körper befördert und ihn dadurch gesund erhält.

Gesunde Wasserquellen

Gesundes Wasser braucht verschiedene Mineralsalze und Spurenelemente, die dank ihrer chemischen und elektrischen Eigenschaften auch für den menschlichen Körper Nährstoffe sind. Trinkwasser, dem Mineralien fehlen, kann der Gesundheit ebenso schaden wie Trinkwasser, das zu viele ungeeignete Mineralien enthält.

Wir brauchen ausgewogenes Wasser zum Trinken. Die Wasserqualität hängt von zahlreichen Faktoren ab. Wichtig ist vor allem, in welcher Phase seines Zyklus wir es verwenden.

Am brauchbarsten ist destilliertes Wasser, Regenwasser, junges Wasser, Oberflächenwasser und echtes Quellwasser. Meerwasser, das 97 Prozent des Wassers auf Erden ausmacht, ist im Haushalt nicht verwendbar, da es erst entsalzt werden müßte.

Destilliertes Wasser ist in der Natur nicht zu finden. Es enthält keine gelösten Stoffe und eignet sich somit als Grundlage für homöopathische Arzneien. Allerdings „greift" es nach allem, was sich in seiner Reichweite befindet und versucht, Mineralien und Nährstoffe zu absorbieren.

Es ist nicht ratsam, destilliertes Wasser in größeren Mengen zu trinken, weil es uns lebenswichtige Nährstoffe und Spurenelemente entzieht. Man kann es aber gelegentlich wegen seiner reinigenden Wirkung verwenden, da es auch Giftstoffe absorbiert und ausschwemmt.

Destilliertes Wasser wird manchmal als „unreif" bezeichnet, weil ihm die subtile Energie fehlt, die uns gesund erhält. Es hat keine Geschichte, keine Erinnerung an Gletscher, Felsen, schnelle Strömungen, Windungen, Mineralien, Sonnenschein, Schatten oder andere Faktoren, die seine Gesundheit beeinflussen.

Regenwasser ist ebenfalls unreif und langfristig nicht als Trinkwasser geeignet. Es ist jedoch etwas besser als destilliertes Wasser, weil es einige Mineralien enthalt, die es in der Atmosphäre aufgenommen hat. Regenwasser kann leblos zu Boden fallen; aber dann sickert es in spiralförmigen Bewegungen zwischen Steinen nach unten, wobei es sich langsam erwärmt. Später steigt es wieder nach oben – immer spiralförmig – und sammelt Mineralien und Lebenskraft. Und schließlich gelangt es erneut ans Licht.

Regenwasser kann giftig sein. Denken Sie an den „sauren Regen", der giftige Chemikalien enthält, aber keine lebendige Energie.

Junges Wasser kommt aus den tiefen Schichten des Bodens, mitunter in Form von Geisern. Es ist unterwegs nicht gereift und enthält nicht genügend Mineralien, um gutes Trinkwasser zu sein.

Die Fähigkeit des Wassers, Informationen zu empfangen, zu speichern und zu übertragen, hängt vom Rhythmus, von der Bewegung und von der Temperatur ab. Nicht nur die Information beeinflußt also das Wasser, sondern auch sein Zustand beim Empfang. Vitales Wasser ist empfänglich, lebloses Wasser zeigt keine Reaktionen.

Wenn Sie viel Regenwasser trinken (z. B. weil kein anderes Wasser zur Verfügung steht), müssen Sie auf gute Ernährung achten. Diesem Wasser fehlen nämlich Kalium und Jod, so daß sein Genuß mit der Zeit zu Mangelerscheinungen und Schilddrüsenstörungen führen kann.

Fossiles Wasser ist uraltes Wasser, das von Lehm- und Felsschichten geschützt wurde. Obwohl es sich nicht bewegt, enthält es viel Energie, und Studien lassen darauf schließen, daß es Heilkräfte hat. Da es kein Teil des Wasserkreislaufs ist und sich daher nicht erneuern kann, sollte man es nicht rücksichtslos ausbeuten, zumal es nur an wenigen Orten zu finden ist.

Oberflächenwasser fließt über das Land und wird in Reservoiren gespeichert. Es enthält einige Mineralien und Salze aus dem Boden und aus der Atmosphäre. Seine Qualität ist oft ziemlich schlecht, zum Teil deshalb, weil es ruht und der Sonne ausgesetzt ist. Das Abholzen der Wälder und die Verstädterung verändern den Rhythmus der Flüsse und verschlechtern das Wasser, das über kahles Land fließt und keine Informationen aufnehmen kann. Leitungswasser ist meist Oberflächenwasser oder Grundwasser.

Grundwasser ist besseres Trinkwasser, da es aus tiefen Bodenschichten kommt und unterwegs reifen kann. Es enthält viele Spurenelemente, kann heutzutage jedoch mit den unterschiedlichsten Chemikalien verunreinigt sein.

Quellwasser ist das beste Trinkwasser, vor allem wenn es aus einer Bergquelle sprudelt. Es sollte eine glänzende, lebhafte blaue Farbe haben. Quellwasser enthält eine Menge gelöster Mineralien; es schmeckt köstlich und fördert die Gesundheit und das allgemeine Wohlbefinden.

Wenn Sie Wasser aus einer Quelle trinken, sollten Sie es regelmäßig untersuchen lassen, um wirklich sicher zu sein, daß es nicht durch die biochemischen Methoden der modernen Landwirtschaft verunreinigt wird.

So bringen Sie Energie ins Wasser

Das meiste Nutzwasser ist zweifellos Grundwasser. Ein Teil davon ist Haushaltswasser, das vorübergehend dem Wasserkreislauf entzogen und verbraucht, als Abwasser gesammelt, behandelt und erneut verbraucht wird.

Wenn Ihnen nicht das beste Trinkwasser zur Verfügung steht, können Sie viel tun, um seine Qualität zu verbessern.

Einige Methoden werden hier vorgestellt, aber es gibt noch viele andere, die teils technisch ausgeklügelt sind, teils auf dem Prinzip der Resonanz basieren, über das wir schon weiter oben ausführlich berichtet haben (siehe Seite 57).

WASSER ENTGIFTEN

Wenn Sie krank sind, unter Streß leiden oder sich nicht wohl fühlen, sollten Sie eine „Entschlackungskur" machen und den Körper anschließend mit gesundem Essen, Bewegung und natürlich gesundem Wasser wieder ins Gleichgewicht bringen.

Krankes Wasser können Sie nach der gleichen Methode behandeln. Wenn es dabei vollständig destrukturiert wird, müssen Sie es jedoch wieder neu strukturieren und mit frischer Energie aufladen. Bevor Sie es trinken, geben Sie ihm neue Lebenskraft, indem Sie es zum Beispiel umrühren, durch einen Strudel leiten oder mit Magneten behandeln.

MAGNETISIERTES WASSER

Die Heilung mit Magneten ist uralt. Schon in den indischen Weden ist von heilendem Magnetit die Rede. Platon erzählt von Magnes, einem Schäferjungen, der seinen Stab auf einen Felsen legte und sich anstrengen mußte, um ihn wieder aufzuheben. Der Junge nahm kleine Brocken von diesem magnetischen Stein mit und klebte sie auf seine Sandalen, damit sie ihm Energie und Ausdauer gaben.

In den letzten zwanzig Jahren haben Wissenschaftler und sogar Alchimisten mit Magneten und Wasser experimentiert.

Magnetismus kann starke positive Wirkungen haben, weil er die Struktur des Wassers verändert und chemische Reaktionen fördert. Wenn Sie Wasser mit negativem Magnetismus behandeln, werden die positiv geladenen Metallteilchen automatisch zum Wasser hingezogen.

Hans Grander, ein österreichischer Naturforscher, hat ein Verfahren entwickelt, das dem Wasser seine natürliche Energie zurückgibt.

Er prägt es durch Implosion mit biomagnetischen Wellen, ähnlich wie ein leeres Tonband „gefüllt" wird. Dabei zirkuliert energieloses Wasser um eine verschlossene Kapsel mit revitalisiertem Wasser.

Es gibt verschiedene Geräte, mit denen man leblosem Wasser neue Energie geben kann, so daß es die Gesundheit von Menschen, Tieren und Pflanzen fördert.

Es gibt eine einfache, sparsame und wirksame Methode, Wasser zu reinigen und zu vitalisieren: Gießen Sie es in eine Glasflasche, und stellen Sie diese eine oder zwei Stunden auf negative Magneten. Die Magneten ziehen Schadstoffe nach unten und lösen sie auf.

Fliessformen und andere Ideen

Gesundes Wasser ist bewegtes Wasser, das Schwingungen aufnimmt und chemisch und elektrochemisch reagiert. So wie gesundes Wasser in der Natur Wirbel bildet, können Sie totem oder müdem Wasser neue Energie geben, wenn Sie ihm erlauben, sich rhythmisch zu bewegen. Stellen Sie Fließformen aus Stein oder Keramik in einen Wasserlauf, um das Wasser mit Sauerstoff und Energie anzureichern, während es durch die speziell dafür geformten Kanäle strömt.

Der britische Bildhauer John Wilkes schuf diese Formen zusammen mit Theodor Schwenk in den siebziger Jahren.

Fließformen spiegeln die Bewegung des Wassers in der Natur und des Blutes im Körper wider. Das Wasser fließt in einer rhythmischen Doppelacht durch die Formen und bildet dabei Doppelstrudel, die ihm Energie zuführen.

Fließformen werden am häufigsten mit Wasserpflanzen kombiniert, die das Wasser ebenfalls mit Sauerstoff versorgen und reinigende Bakterien enthalten.

Aber diese Fließformen verschönern auch den Garten, vor allem wenn sie die Gestalt von Wasserskulpturen haben. Der sanfte Rhythmus wirkt beruhigend und entspannend.

Sie können auch Geräte kaufen, die das elektrische Potential des Wassers zum Ausgangspunkt nehmen und das Wasser durch Elektrolyse und mit Filtern neu strukturieren.

Dadurch erhält das Wasser eine Menge Elektronen, die es im Körper an den Sauerstoff abtreten kann, so daß gesunde Zellen nicht oxidieren. Solches Wasser soll Schmerzen lindern, die Verdauung fördern und die Alterung verlangsamen.

Viele Kurorte reinigen ihr Wasser durch Solarisieren mit UV-Licht oder durch Beigabe von Ozon (O_3). Methoden, die das Wasser heilen, nützen in der Regel auch dem Körper. Ozon wird seit langem bei Atembeschwerden angewandt, und neuere Studien belegen, daß die Ozontherapie das Immunsystem stärkt, weil sie das Blut mit Sauerstoff anreichert und möglicherweise auch die Produktion von weißen Blutkörperchen anregt.

Heilmethoden für zu Hause:

- *Wenn Fließformen Ihnen zu teuer sind, können Sie im Wasser Strudel erzeugen, ehe Sie es verwenden (siehe Seite 84-5).*
- *Wenn Sie sich handelsübliche Geräte nicht leisten können, versuchen Sie es mit Resonanz. Lenken Sie die Energie von Kristallen ins Wasser, oder vitalisieren Sie es mit Farben (siehe Seite 72).*
- *Heilen Sie Ihr Wasser mit der Macht der Gedanken (siehe Seite 72-3).*
- *Sie können das Wasser auch solarisieren (siehe Seite 74) oder mit Pyramiden, Musik, Gebeten, homöopathischen Arzneien oder Schwingungen behandeln.*

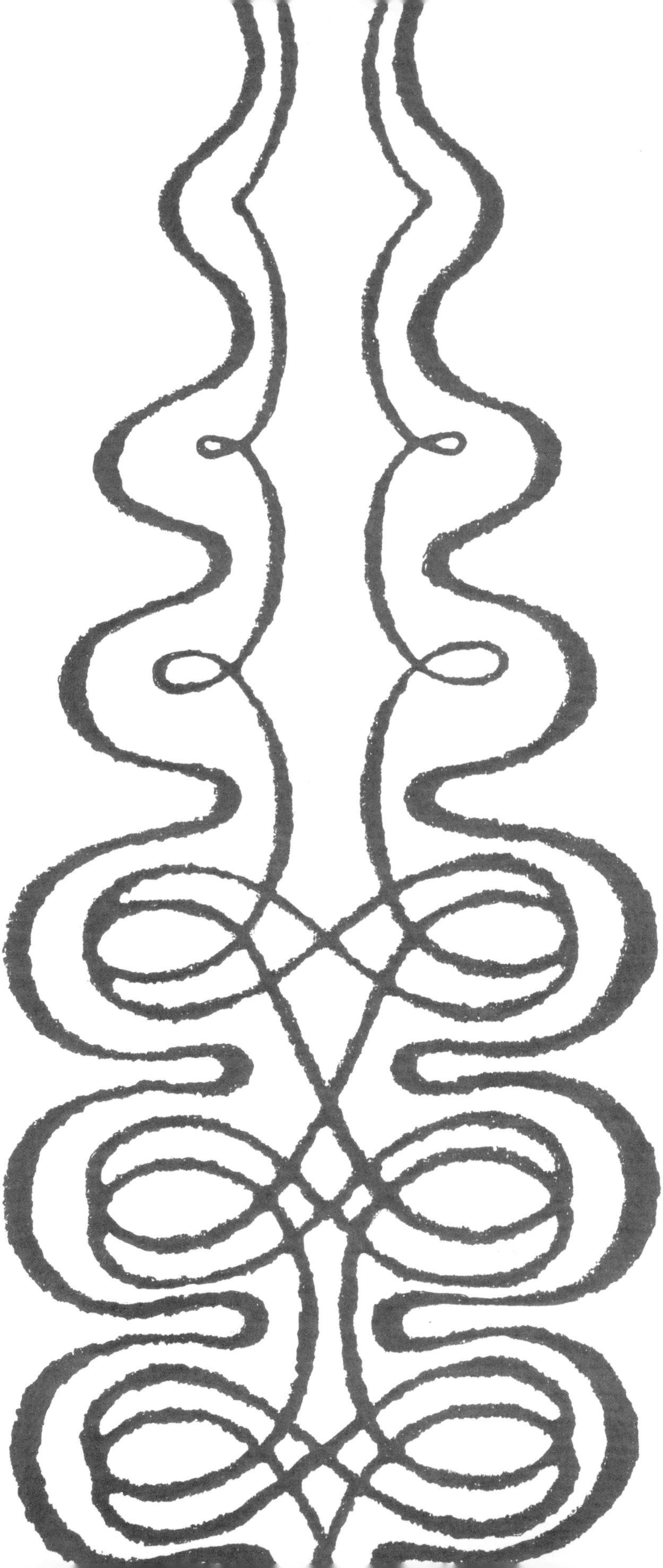

Biodynamik

Biodynamisch angebaute Nahrungsmittel sind sehr gesund. Das Wasser und der Boden sind dabei von entscheidender Bedeutung. Diese Methode des Garten- und Ackerbaus, die der Pädagoge und Philosoph Rudolf Steiner entwickelte, erfreut sich wachsender Beliebtheit. Sie berücksichtigt beim Pflanzen und Ernten kosmische und physikalische Einflüsse.

Angepflanzt wird in bestimmten Mondphasen, und auch die Bewegungen der Planeten, die Tageszeit und die Jahreszeit spielen eine wichtige Rolle. Die Pflanzen erfreuen sich daher der günstigsten Wachstumsbedingungen.

Ein recht bizarres Beispiel dafür, wie man mit Wasser und Pflanzen umgehen kann, geben uns altmodische Bauern in Österreich. Viktor Schauberger traf einmal einen alten Bauern, dessen Ernte stets besser war als die seiner Nachbarn. Der alte Mann stellte sich vor ein großes Holzfaß mit Wasser, rührte es um und warf ab und zu eine Handvoll Lehmboden hinein. Zuerst rührte er rechts um, dann links, und dabei sang er ziemlich laut. Gegen Abend rührte er mit einem großen Holzlöffel Lehm ins abkühlende Wasser ein. Wenn er rechts umrührte, sang er eine ansteigende Tonfolge, wenn er links umrührte eine absteigende.

Dieses „Tonsingen" hat seinen landwirtschaftlichen Sinn. Der Lehmboden wird durch die Töne stimuliert, und ein Bauer lernt mit der Zeit, wann seine Stimme sich mit dem Inhalt und/oder der Form des Fasses in Resonanz befindet.

Wenn abends im abkühlenden Wasser ein Gärungsprozeß einsetzt, nimmt das Wasser CO_2 auf, das dabei entsteht. Durch das Düngen und Umrühren löst sich die elektrische Ladung von Metallen, zum Beispiel von Aluminium, und verteilt sich im Wasser.

Das Wasser hat danach also eine neutrale Ladung. Man besprengt damit frisch besäte Felder, auf denen es verdampft und winzige Kristalle zurückläßt. Diese Kristalle sind negativ geladen und ziehen Strahlen aus allen Richtungen an. Dadurch halten sie den Boden feucht, kühl und gesund – ideale Voraussetzungen für die Feldfrüchte.

Ein biodynamisches Mittel mit der Bezeichnung 501 besteht aus fein gemahlener Kieselerde, die man ins Horn einer Kuh schüttet und während des Sommers in der Erde vergräbt, wo sie in ihrem spiralförmigen Behälter Energie absorbiert. Eine kleine Menge dieses Pulvers wird in ein Faß mit klarem Quellwasser gestreut und etwa eine Stunde lang kräftig nach rechts und nach links umgerührt. Dieses Wasser sprüht man auf den Kompost, auf Weiden und Feldfrüchte. Das Umrühren erzeugt Wirbel im Wasser und fördert die Verteilung von Mineralien. Das Wasser nimmt viel Energie auf und kann Informationen aus der Kieselerde empfangen und weiterleiten.

Wasser ist gut für Sie. Haben Sie also keine Angst, es zu trinken. Wenn es nicht sauber genug ist, tun Sie etwas dagegen! Sie sollten wissen, was Ihr Wasser enthält, damit Sie es reinigen und mit Energie laden können. Stellen Sie, wenn nötig, Ihre Ernährung um; aber denken Sie daran, daß es Ihnen kaum oder gar nicht schadet, die Metalle in winzigen Mengen aufzunehmen. Problematisch wird es nur, wenn Sie unwissentlich zuviel zu sich nehmen.

Fragen Sie Ihr Wasserwerk nach der Zusammensetzung des Trinkwassers.

Vielleicht finden Sie in der Nähe einen Brunnen oder eine Quelle. Lassen Sie das Wasser aber analysieren, bevor Sie es trinken.

Erkundigen Sie sich nach einem Filter, der für Ihren Haushalt geeignet ist.

Fluorid hemmt viele Enzyme im Körper, indem es ihre Molekularstruktur verändert oder sich mit wichtigen Spurenelementen verbindet. Fluroid kann die Knochen schwächen und die Funktion der weißen Blutkörperchen hemmen, was das Immunsystem schwächt. Es schadet den Nieren, dem Herzen, der Schilddrüse, den Augen, der Haut und dem Gehirn, möglicherweise auch dem DNS-Reparatursystem.

Unreines Trinkwasser

- In manchen Gegenden enthält das Wasser Aluminium aus dem sauren Regen. Mitunter wird es in Wasserwerken verwendet, um trübes Wasser zu reinigen. Manche Heißwasserbehälter haben Anoden aus Aluminium.

Wenn zuviel Aluminium in den Körper gelangt, kann es die Alterung beschleunigen und möglicherweise die Alzheimersche Krankheit auslösen. Wir benötigen jedoch Spuren von Aluminium, weil es vor Strahlung schützt.

- Krebserregende Nitrate gelangen aus Kunstdüngern in den Boden.
- Herbizide und Pestizide werden ebenfalls in der Landwirtschaft verwendet. Über ihre Gefahren ist wenig bekannt; immerhin verursachte das inzwischen verbotene Atrazin Mißbildungen bei Neugeborenen.
- Manchmal ist das Wasser auch mit Schwermetallen verseucht. Alte Häuser haben zum Teil noch Leitungen aus Blei. Zuviel Arsen im Wasser führt zu Krankheit, Mißbildung und Tod.
- Chlor wird verwendet, um Trinkwasser zu sterilisieren. Es stört den Fettstoffwechsel und die Wirkung der Hormone, hemmt einige Enzyme und verzögert die Genesung nach manchen Krankheiten. Einige Menschen sind allergisch dagegen. Chlor wird auch mit Herzkrankheiten in Verbindung gebracht, und es vernichtet die Bakterien im Darm, die wichtig für die Erhaltung der Gesundheit sind.

Wenn Sie ungefiltertes Leitungswasser trinken, füllen Sie einen Krug und lassen Sie ihn stehen, bis ein Teil des Chlors verdampft ist. Geben Sie dann in jeden Liter Wasser einen Teelöffel Vitamin C, um schädlichen Folgen vorzubeugen.

- Trihalomethan entsteht, wenn Chlor mit unbehandeltem Abwasser reagiert. Es gilt als krebserregend.
- Fluorid wird in manchen Ländern ins Trinkwasser gemischt, um dem Zahnverfall bei Kindern vorzubeugen. In großen Mengen kann es jedoch des Immunsystem schwächen und Herzkrankheiten, Genschäden und Krebs verursachen. Natürliches Fluorid ist eine der giftigsten Substanzen in der Erdkruste, kaum weniger giftig als Arsen. Der Verzehr von Vollkornbrot aus biologisch angebautem Weizen kann die Folgen des Fluorids mildern.

Gefiltertes Wasser ist gesund

Der erste Schritt des Behandlungsprogramms besteht darin, herauszufinden, was Ihr Wasser enthält. Das örtliche Wasserwerk kann Ihnen darüber Auskunft geben. Vergessen Sie aber nicht, daß Wasser ein sehr gutes Lösungsmittel ist und in der Leitung zwischen Brunnen und Hahn chemische Informationen aufnimmt. Außerdem absorbiert es elektromagnetische Informationen zu Hause und in der Umgebung. Es gibt eine Reihe von Möglichkeiten, die Gesundheit Ihres Wassers zu verbessern.

- Kohlefilter sind am einfachsten; aber sie sind machtlos gegen Bakterien und Viren. Sie entfernen Schmutz durch mechanisches Filtern und Adsorption. Die enorme Oberfläche der Kohle ist ein elektrochemisches Sieb, das Giftstoffe (u. a. Chlor), unangenehme Gerüche und einige synthetische Chemikalien entfernt. Solide Filter aus Kohleblöcken sind wohl wirksamer als Granulate, in denen sich Bakterien vermehren können. Wenn Sie einen Kohlefilter länger als einen oder zwei Tage nicht benutzt haben, lassen Sie vor dem Gebrauch mindestens eine halbe Minute lang Wasser durchlaufen.
- Destilliergeräte kochen das Wasser und lassen den Dampf kondensieren, wobei unerwünschte Substanzen zurückbleiben. Sie entfernen zwar schädliche Stoffe, aber Sie sollten destilliertes Wasser nur für kurze Zeit als Entgiftungsmaßnahme trinken.
- Keramikfilter bestehen aus einem Keramikbehälter mit Löchern, die zwar Wasser durchlassen, aber Bakterien zurückhalten. Manche enthalten einen Ionenaustauscher, der einige Metalle beseitigt und das Wasser weicher macht. Solche Geräte sind zweckmäßig, wenn eine Gefährdung durch Bakterien besteht.
- Umkehrosmosefilter sind bei weitem am besten und werden in Krankenhäusern oft benutzt, um das Wasser von Schadstoffen zu reinigen. Sie pressen das Wasser durch eine halbdurchlässige Membran, welche die meisten Schmutzstoffe zurückhält und ins Abwasser leitet. Das saubere Wasser sammelt sich in einem Behälter. Durch Umkehrosmose kann man fast alle Verunreinigungen beseitigen, auch Schwermetalle (Blei, Quecksilber, Arsen), Nitrate, Herbizide und Pestizide, Bakterien und Viren.

Tragbare Kohlefilter sind billig, leicht anzuwenden und als „erste Hilfe" zu empfehlen. Achten Sie jedoch darauf, den Filter mindestens so oft auszuwechseln, wie der Hersteller es empfiehlt; andernfalls können sich darin gefährliche Bakterien ansammeln.

Durch Umkehrosmose erhalten Sie das sauberste Wasser. Angeblich schützt dieses Wasser sogar vor Strahlenschäden. Die besten Geräte machen aus Ihrem Wasser eine Medizin. Sie sind meist ziemlich groß und brauchen eine erhebliche Menge Wasser, damit die Membran gesäubert wird. In Israel trägt jeder Soldat einen solchen Filter bei sich, weil die Armee mit nuklearer Verseuchung rechnet.

Wasser in Flaschen ist als Notvorrat am nützlichsten, zum Beispiel auf Reisen. Wenn Sie eine Wasserflasche geöffnet haben, sollten Sie sie austrinken, anstatt einen Teil aufzuheben. Bakterien vermehren sich sofort nach dem Öffnen.

Wasser in Flaschen hat möglicherweise monate- oder gar jahrelang in einem warmen Lagerhaus gestanden. Würden Sie Leitungswasser trinken, das Tage oder Wochen herumgestanden hat?

Wasser aus Flaschen

Die Verbraucher geben jedes Jahr mehr Geld für abgefülltes Wasser aus, weil sie es für gesünder halten als Leitungswasser. Das trifft jedoch nicht immer zu. Vor zweitausend Jahren – lange bevor es Probleme mit der Wasserqualität gab – badeten die Römer in den Quellen, aus denen das weltberühmte französische Perrier-Mineralwasser fließt – aber sie kamen nicht auf die Idee, es zu trinken. Wasser aus Flaschen ist nützlich auf Reisen; es ist besser als Limonaden, aber nicht unbedingt gesund.

- Natürliches Mineralwasser muß aus einer unterirdischen Quelle stammen und frei von schädlichen Bakterien sein. Für seinen Mineralgehalt gibt es kein Minimum. Filtern ist in kleinem Umfang erlaubt, und manchmal wird das Wasser mit Kohlensäure versetzt, damit es sprudelt. Man darf es jedoch nicht desinfizieren und nichts hinzufügen oder entfernen.
- Quell- oder Tafelwasser muß den gleichen Anforderungen genügen wie Leitungswasser. Es kann daher von beliebiger Herkunft sein. Die Lieferanten dürfen auch Wasser aus verschiedenen Quellen mischen, filtern und behandeln. Es kann also sein, daß Sie Leitungswasser kaufen, das gefiltert, mit UV-Licht bestrahlt und mit Kohlensäure versetzt wurde. Ein Liter dieses Wasser kostet fünfhundertmal soviel wie das Wasser aus Ihrem Hahn!
- Stilles Wasser enthält manchmal viele Bakterien, vor allem wenn es in Flaschen gefüllt und ungekühlt bis zu 18 Monaten gelagert wird, ehe es den Konsumenten erreicht.
- Abgefülltes Wasser mit Kohlensäure enthält in der Regel am wenigsten Bakterien, weil die Säure ihr Wachstum hemmt.

Die Lagerzeit und die Lagerbedingungen beeinflussen die Qualität des Wassers. Selbst wenn es an der Quelle in Flaschen gefüllt wird und reich an Mineralien ist, verliert es Energie, wenn es herumsteht, und absorbiert Informationen aus der Plastikverpackung. Schädliche Chemikalien, angeblich auch Östrogen, können aus der Verpackung ins Wasser gelangen. Selbst wenn es sich um geringe Mengen handelt, besteht ein gewisses Risiko, da Östrogen Krebs und Erbschäden verursachen kann.

Gesundes Trinkwasser

So werden Sie mit Wasser gesund:

- *Trinken Sie morgens ein Glas Wasser. Es spült die Nieren durch und entgiftet den Organismus.*
- *Trinken Sie täglich mindestens acht Gläser Wasser, wenn möglich gefiltert. Je gesünder das Wasser ist, desto besser die Verwertung.*
- *Hören Sie auf Ihren Körper. Essen Sie nur, wenn Sie hungrig sind. Trinken Sie statt dessen ein Glas Wasser.*
- *Wenn Sie Kopfschmerzen, Magenbeschwerden oder andere Beschwerden haben oder erschöpft sind, trinken Sie ein Glas Wasser, bevor Sie zu einem Medikament greifen.*
- *Trinken Sie eine halbe Stunde vor dem Essen ein Glas Wasser. Trinken Sie nicht während der Mahlzeit.*
- *Essen Sie organisch angebaute Nahrungsmittel. Sie enthalten sauberes Wasser.*
- *Trinken Sie ein Glas Wasser, wenn Sie gestreßt oder ängstlich sind. Das fördert die Bewegung der Körperflüssigkeiten und beruhigt.*
- *Essen Sie vernünftig. Sie brauchen keine Kalorien, Kohlenhydrate oder Fette zu zählen; aber achten Sie auf gute innere Hygiene. Die Leber muß Bakterien und Viren herausfiltern und vernichten, die Sie mit dem Essen zu sich nehmen. Trinken Sie also viel frisches Wasser, und meiden Sie verarbeitete Nahrungsmittel.*
- *Trinken Sie nicht zuviel Tee, Kaffee oder Alkohol. Wenn Sie dennoch einmal sündigen, trinken Sie mehr Wasser zum Ausgleich.*
- *Beenden Sie den Tag mit einem Glas Wasser.*

Wenn wir uns unwohl oder müde fühlen, suchen wir meist nach komplizierten Lösungen. Aber die Antwort kann unglaublich einfach sein: Trinken Sie mehr Wasser! Wasser ist die einzige Arznei, welche die meisten Menschen jemals brauchen.

Eine der Hauptursachen von Krankheiten ist Wassermangel. Wir sind Wassergeschöpfe, und wir *brauchen* Wasser. Wenn wir nicht genug trinken, schaden wir dem Körper und dem Gehirn, und wir leiden an Streß und Depressionen. Ausgetrocknete Zellen können nicht optimal arbeiten, und viele Beschwerden sind die Folge. Ohne Nahrung können wir wochenlang überleben, ohne Wasser jedoch nur wenige Tage.

Jeder Mensch braucht zwei Liter Wasser am Tag. Trinken Sie, wenn möglich, gefiltertes Wasser, da andere Getränke nicht die gleiche Wirkung haben. Wenn Sie Wasser als Teil eines Getränkes oder Nahrungsmittels zu sich nehmen, trennt der Körper das Wasser von den festen Bestandteilen, und wenn das Getränk oder Essen wassertreibend ist, verlieren Sie mehr Wasser, als Sie getrunken haben. Tee, Kaffee und Alkohol sind Diuretika, die Wasser und Mineralien ausschwemmen, anstatt den Wasserbedarf zu decken.

Es ist am besten, wenn Sie nach dem Aufstehen, vor dem Schlafengehen, eine halbe Stunde vor dem Essen und zwischen den Mahlzeiten trinken. Trinken Sie nicht während einer Mahlzeit; denn das Wasser hat die Aufgabe, dem Körper Informationen zu vermitteln und Gifte auszuschwemmen. Wenn Sie beim Essen trinken, können Verdauungsstörungen, Sodbrennen oder Übelkeit auftreten. Trinken Sie also vor dem Essen, damit der Körper genügend Wasser für die Verdauung hat. Dann ist auch die Gefahr eines zu hohen Cholesterinspiegels geringer.

Wenn Sie mehr als bisher trinken, sollten Sie auf Ihre Ernährung achten. Das Wasser schwemmt nämlich auch Salze und Mineralien hinaus. Darum ist es wichtig, daß Ihre Kost viele Mineralien und Vitamine enthält. Wenn Sie Zweifel haben, essen Sie Gelbe Rüben: Betacarotin kann in Vitamin A umgewandelt werden und ist wichtig für den Leberstoffwechsel. Die gesunde Leber ist Voraussetzung für eine gute Gesundheit.

WASSER GEGEN HÄUFIGE BESCHWERDEN

Das Wasser im Körper gilt vor allem als Lösungsmittel, als Füllstoff und als Transportmittel für die wichtigeren gelösten Stoffe, die über Gesundheit oder Krankheit entscheiden.

Dr. Fereydon Batmanghelidj, der Gründer der Stiftung für einfache Medizin, versichert jedoch, daß das Wasser selbst die Körperprozesse reguliert.

Die folgenden Empfehlungen stützen sich auf seine Arbeit.

Arthritis

- *Betrachten Sie die Schmerzen zunächst als Symptom der Austrocknung, und bekämpfen Sie sie, indem Sie einfach mehr Wasser trinken.*

Wenn Sie nicht genug trinken, wird das Blut dickflüssig, die Zellen leiden, Blutgefäße ziehen sich zusammen, Gelenke trocknen aus. Bei Arthritis trocknen die Oberflächen der Gelenke aus, und Bewegungen schmerzen. Die Folge können schwere Schäden sein, die nur teilweise repariert werden. Um das zu vermeiden, sollten Sie vorsorglich mehr Wasser trinken, sobald Sie an Gelenkschmerzen leiden.

Millionen Menschen leiden an Arthritis, und es ist bestürzend, wie viele junge Leute darunter sind. Möglicherweise könnten viele Kranke die Schmerzen lindern oder sogar beseitigen, wenn sie mehr Wasser trinken würden. Das schadet gewiß nicht, aber es kann äußerst nützlich sein.

Asthma

- *Neben der medizinischen Behandlung sind auch gesunde Trinkgewohnheiten überaus wichtig.*

Viele Giftstoffe verschlimmern Asthma und Allergien.

Sie befinden sich in der Luft, in der Nahrung und in schlechtem Wasser. Asthma entsteht, wenn die Neurotransmitter des Körpers (Histamin und andere Substanzen) übermäßig aktiv werden. Asthmatiker haben zuviel Histamin in den Lungen, und wenn dickflüssiges Blut die Lungen erreicht, produzieren sie noch mehr Histamin, worauf die Bronchien sich verengen.

Die Schulmedizin behandelt Asthma und Allergien gewöhnlich mit Medikamenten, die diese Reaktionen unterdrücken. Batmanghelidj empfiehlt dagegen, mehr Wasser zu trinken, damit das Histamin seinen Zweck erfüllen kann, anstatt blockiert zu werden.

- *Steigern Sie Ihre Wasseraufnahme allmählich, und bleiben Sie bei mindestens acht Gläsern am Tag.*
- *Trinken Sie höchstens ein kleines Glas Orangensaft täglich. Der Saft enthält viel Kalium, das die Histaminproduktion fördert.*

Rückenbeschwerden

● *Trinken Sie genügend Wasser, und machen Sie regelmäßig Gymnastik, damit Gelenke und Bandscheiben geschmeidig bleiben.*

Sehr viele Menschen leiden heutzutage an Kreuzschmerzen. Die Wirbelgelenke und die Bandscheiben sind auf die hydraulische Funktion des Wassers angewiesen, das sich im Kern der Bandscheiben und in den Knorpeln befindet. Wasser ist nicht nur ein Schmiermittel für die Kontaktflächen, sondern es wird auch in den Bandscheiben gespeichert und fängt 75 Prozent des Gewichts des Oberkörpers ab.

Bei der Bewegung der Gelenke entsteht vorübergehend ein Vakuum, das die Zirkulation des Wassers fördert. Hüten Sie sich also vor Wassermangel.

Verstopfung, Reizdarm, Erkrankungen der Harnwege

● *Essen Sie frische Nahrung, und trinken Sie mehr Wasser.*

● *Beugen Sie Problemen vor, indem Sie genügend Wasser trinken, damit der Körper Schlacken ausscheiden kann.*

Verstopfung verursacht Schmerzen, Streß und manchmal anhaltende Störungen des Dickdarms. Trinken Sie mindestens acht Gläser Wasser am Tag, und bewegen Sie sich ausreichend. Dadurch können Sie auch die Symptome des Reizdarms lindern.

Wasser macht schlank

Vergessen Sie Diäten, Kalorien und Schokoladensucht. Sie können abnehmen, wenn Sie vor dem Essen ein oder zwei Gläser Wasser trinken!

Durst und Hunger sind auf Energiemangel zurückzuführen. Viele Menschen unterscheiden nicht zwischen beiden; aber wenn Sie vor dem Essen trinken, können Sie das eine vom anderen trennen.

● *Wenn Sie Appetit auf einen Imbiß haben, trinken Sie statt dessen ein Glas Wasser.*

● *Essen Sie regelmäßig, und trinken Sie vor jeder Mahlzeit ein Glas Wasser. Das hilft bei Gewichtsproblemen und gibt Energie.*

Kopfschmerzen

● *Bevor Sie zu einem Medikament greifen, sollten Sie ein Glas Wasser trinken. Kopfschmerzen sind oft ein Streßsymptom, das Sie lindern können, wenn Sie Wasser trinken.*

Magenverstimmung und Sodbrennen

● *Trinken Sie langsam ein Glas Wasser, eine halbe Stunde später noch ein Glas und nach einer weiteren halben Stunde ein drittes Glas.*

Magenbeschwerden können ein Symptom für schwere Krankheiten sein, unter anderem für Magengeschwüre; aber das ist selten der Fall. Wenn die Schmerzen lange anhalten, sollten Sie einen Arzt konsultieren. Die meisten Magenschmerzen – Gastritis, Duodenitis und Sodbrennen – hängen jedoch mit chronischem Wassermangel zusammen. Sie treten meist auf, wenn nicht genügend Wasser vorhanden ist, um die Schleimhaut des Magens zu befeuchten. Die Folge ist, daß Säure in die empfindlichen äußeren Schichten eindringt und Schmerzen hervorruft. Anstatt säurebindende Mittel zu nehmen – die unerwünschte Nebenwirkungen haben –, sollten Sie dem Körper Wasser geben.

Bluthochdruck und Herzkrankheiten

Diese Krankheiten sind manchmal darauf zurückzuführen, daß das Blut nicht frei durch den Körper zirkuliert. Wenn Sie zu wenig Wasser trinken, wird das Blut dickflüssig, und die Folge sind Gefäßverengungen und hoher Blutdruck.

Hoher Cholesterinspiegel

● *Um einen erhöhten Cholesterinspiegel zu senken, sollten Sie täglich 8 bis 12 Gläser Wasser wirksam trinken.*

Achten Sie aber darauf, was Sie trinken, und machen Sie sich keine übermäßigen Sorgen darüber, was Sie essen.

Menstruationsbeschwerden

● *Wenn Sie am prämenstruellen Syndrom leiden, kann Wassermangel die Hauptursache sein. In einer Zeit hormoneller Veränderungen braucht der Körper Unterstützung, und wenn Sie mehr Wasser trinken, fördern Sie die biologischen Prozesse. Wenn der Körper Flüssigkeit verliert, muß er sie ersetzen, und dafür braucht er genügend Wasser. Trinken Sie mindestens acht Gläser Wasser täglich, und Verspannungen und Magenschmerzen verschwinden.*

Schwangerschaftserbrechen

● *Kinder im Mutterleib leben in einer Wasserwelt. Darum müssen Schwangere darauf achten, genügend zu trinken. Wenn Sie an morgendlicher Übelkeit leiden, kann Austrocknung die Ursache sein, und Erbrechen verstärkt den Wassermangel. Trinken Sie morgens nach dem Aufstehen und abends vor dem Schlafengehen ein Glas Wasser. Leider wird manchen Frauen noch mehr übel, wenn Sie trinken. In diesem Fall sollten Sie versuchen, öfter und in kleinen Schlucken zu trinken, bis Sie sich daran gewöhnt haben.*

Streß

Wassermangel kann Streß verschlimmern und sogar verursachen. Wenn der Körper austrocknet, treten physiologische Symptome auf, die den Streßsymptomen ähneln.

Kapitel vier

Baden

Beim Baden geht es nicht nur um Sauberkeit. Regelmäßiges Baden ist eine einfache Methode, um die körperliche, seelische und geistige Gesundheit zu fördern. Ein Bad kann Ihnen helfen, Frieden mit sich selbst und mit ihrer Umwelt zu schließen; es beruhigt, wenn Sie verstört sind, und bessert die Laune. Wasser hält alle Lebensprozesse in Gang, und ein Bad kann lebenswichtige Energie freisetzen und transformieren.

Die Geburt der Wassertherapie

Die Hindus glauben, Wasser habe eine Seele. Darum betrachten sie das Bad als spirituelle Zeremonie, die Körper, Seele und Geist harmonisiert und mit dem Göttlichen verbindet.

Für traditionelle Heilweisen ist Wasser die Grundlage der Gesundheit, das Element, das den Menschen mit der Erde und dem Himmel verbindet. Die chinesische Medizin betrachtet Krankheiten als Zeichen von Disharmonie, und das Wasser als Träger des *Chi* ist notwendig, um Ausgewogenheit herzustellen. Auch die alte indische Medizin hält das Wasser für das Element, das den Menschen mit dem Kosmos verbindet. Das *Prana* im Wasser kann in andere Energieformen umgewandelt werden, die den Körper kräftigen.

Die alten Ägypter wußten um die Heiligkeit und die physikalischen Wirkungen des Wassers. Sie bauten Tempel, in denen die Priester badeten und Mineralwasser tranken, und sie behandelten viele körperlichen und geistigen Leiden mit Wasser. Auch bei den Sumerern und Babyloniern war die Bäderkultur hoch entwickelt.

Der griechische Arzt Hippokrates (gestorben um 430 v. Chr.) empfahl regelmäßiges Baden, um die Konstitution zu kräftigen, und Wassertherapie bei bestimmten Krankheiten. Galen, der Römer, der vielen Theorien des Hippokrates eine feste Form gab, befürwortete ebenfalls Bäder zur Förderung der Gesundheit. In Rom gehörten Bäder zum täglichen Leben, und die Menschen glaubten, mit ihrer Hilfe gesund, fit und moralisch stark zu werden.

Jede Stadt in Arabien war schon im 4. Jahrhundert stolz auf ihre Hammams oder türkischen Bäder. In Europa verschwanden die Bäder dagegen mit dem römischen Reich und wurden erst im 14. Jahrhundert wieder eingerichtet. Das Baden war damals vor allem eine weltliche und praktische Angelegenheit und hatte keine sinnlichen und spirituellen Aspekte mehr.

Das Werk von Priessnitz und Kneipp

In Nordeuropa und Amerika schossen Ende des 18. Jahrhunderts Wasserkurorte aus dem Boden, wo immer man natürliche Quellen oder Wasser mit viel Mineralien fand. Einer der berühmtesten Kurorte war die Wasseruniversität Grafenberg, die Vincent Prießnitz, ein schlesischer Bauer, in den tschechoslowakischen Bergen gründete.

Vincent Prießnitz gilt als Vater der modernen Wassertherapie. Seine Arzneien waren die Elemente der Natur: Erde, Sonnenlicht und Wasser. Die Naturheilkunde trug zwar dazu bei, die Kluft zwischen der konventionellen Medizin und den traditionellen Heilweisen zu überbrücken; aber ihr fehlte der spirituelle Aspekt der älteren Methoden.

Die Patienten aßen eine einfache Kost, bewegten sich regelmäßig und bekamen Massagen und Dutzende von Wasseranwendungen. Jeden Tag tranken sie bis zu fünf Liter Wasser, um das Blut und die Nieren zu reinigen. Sie bekamen Einläufe und nahmen heiße und kalte Bäder, die den Kreislauf anregten.

Sebastian Kneipp (1821–97) entwickelte Prießnitz' Arbeit weiter. Er war (ähnlich wie die chinesische und indische Medizin) davon überzeugt, die Hauptursache der Krankheiten seien Blutstauungen. Obwohl er als junger Mann kränklich gewesen war, glaubte er fest daran, daß der Körper sich unter geeigneten Bedingungen selbst heilen kann und daß das Wasser dabei eine entscheidende Rolle spielt. Er lernte, wie man Wasser und Kräutertees therapeutisch anwendet, und lebte dank seiner Wasserkur lange und gesund als dominikanischer Priester.

Ohne es zu wissen, empfahl Sebastian Kneipp seinen Patienten eine uralte indische Heilmethode: Barfußlaufen im Tau, um den Allgemeinzustand zu verbessern.

Kneipp behandelte mit seinen Güssen und Bädern meist bestimmte Krankheiten (Erkältung, Bronchitis, Katarrh, Muskelschmerzen, Kreislaufbeschwerden usw.) und versuchte nicht so sehr, die Konstitution zu kräftigen, wie man es früher getan hatte.

Die Patienten nahmen auch kalte oder warme Bäder oder Sitzbäder. Im Mittelpunkt der Therapie stand die Erkenntnis, daß die Wassertemperatur die Durchblutung beeinflußt, und abwechselndes Baden in heißem und kaltem Wasser galt als Heilmittel für zahlreiche Leiden.

Diese alten Wassertherapien sind immer noch beliebt und nützlich, wenn auch etwas spartanisch: kalte Bäder, kalte Duschen, kalte Umschläge oder unerquicklich heiße Anwendungen. Aber die Wassertherapie muß nicht unangenehm sein. Bäder können alle Sinne erfreuen und dauerhaften Nutzen bringen.

Kneippbäder

BEHANDLUNG HÄUFIGER BESCHWERDEN

Kalte Bäder bringen Energie

- *Füllen Sie die Wanne 25 cm hoch mit kaltem Wasser (etwa 16 °C). Setzen Sie sich in die Wanne, und reiben Sie sich eine Minute lang von oben bis unten mit dem Wasser ab. Trocknen Sie sich anschließend gründlich ab. Sie werden sich stundenlang erfrischt fühlen.*

Als Mittel gegen Müdigkeit empfahl Kneipp, die Haut abzubürsten oder kaltes Wasser über die Gliedmaßen zu gießen. Das Bürsten regt das Lymphsystem an, so daß Schlacken besser ausgeschieden werden.

Hitze und Kälte gegen Schmerzen

Kneipp empfahl, abwechselnd heiße und kalte Bäder oder Sitzbäder zu nehmen; aber eine Dusche ist ebenso wirksam.

- Beginnen Sie mit einer angenehm warmen Dusche von 2–3 Minuten Dauer. Danach duschen Sie drei Minuten kühl, anschließend wieder warm und dann noch einmal kühl. Wiederholen Sie das Ganze mehrere Male. Diese Prozedur lindert Schmerzen und Entzündungen und regt die Durchblutung an, so daß Sie sich erfrischt fühlen. Sie stärkt auch die Konstitution.

Beruhigende, reinigende Bäder

- *Füllen Sie eine Wanne halb mit warmem Wasser(37 °C). Setzen Sie sich hinein, und gießen Sie langsam kaltes Wasser nach, so daß die Temperatur in 15 Minuten auf 15 °C sinkt. Steigen Sie dann heraus, wickeln Sie sich in ein großes, warmes Badehandtuch, und ruhen Sie sich eine Stunde aus.*

Dieses Bad wirkt sehr entspannend bei Streß und Schlafstörungen, und es hilft den Nieren, Alkohol, Nikotin und Koffein auszuscheiden. Baldrian-, Thymian- oder Fencheltee vor dem Bad unterstützen die Wirkung.

Bäder bei Beckenproblemen

- *Wenn Sie an Menstruationsbeschwerden, Beckenentzündung oder Entzündungen der Harnwege leiden, nehmen Sie ein heißes Sitzbad (44 °C) von 5 Minuten Dauer, und reiben Sie sich dann mit kühlem Wasser ab.*
- *Oder bereiten Sie einen Kräutertee aus Wacholderbeeren, Hagebutten und Schachtelhalm (gleiche Teile) zu, seihen Sie ihn ab, und gießen Sie ihn in ein heißes Bad (40 °C), und baden Sie zehn Minuten darin.*

Kneippbäder für fiebernde Kinder

Kräuterbad

- *Bereiten Sie einen Tee aus Salz, Apfelessig, Thymian, Kamille, Fenchel und Lindenblüten (gleiche Teile) zu.*
- *Lassen Sie den Tee bei Zimmertemperatur abkühlen, und gießen Sie ihn in ein warmes Bad (24 °C). Baden Sie das Kind einige Minuten, trocknen Sie es mit einem gewärmten Handtuch ab, ziehen Sie ihm einen warmen Baumwollschlafanzug an und stecken Sie es ins Bett. Wenn das Fieber nicht sinkt, machen Sie aus demselben Tee mehrere Kompressen, die Sie dem Kind auf die Brust und auf den Rücken legen. Decken Sie es mit großen, warmen Handtüchern zu. Wiederholen Sie diese Behandlung bei Bedarf, bis das Fieber zurückgeht.*

Salzbad

- *Lösen Sie 2 Tassen Meersalz in 2 Liter kaltem Wasser auf. Achten Sie darauf, daß das Zimmer warm ist. Waschen Sie das fiebernde Kind mit diesem Wasser, ziehen Sie ihm einen warmen Baumwollschlafanzug an, und stecken Sie es ins Bett. Die Mineralien im Meersalz unterstützen die Entgiftung und harmonisieren die Körperenergie. Ruhe ist nach einem Salzbad sehr wichtig.*

WARNUNG:

Diese Methoden helfen einem leicht fiebernden Kind, sich wohler zu fühlen. Wenn das Fieber jedoch länger als 24 Stunden anhält oder sehr hoch ist, müssen Sie einen Arzt rufen.

Haut und Wasser

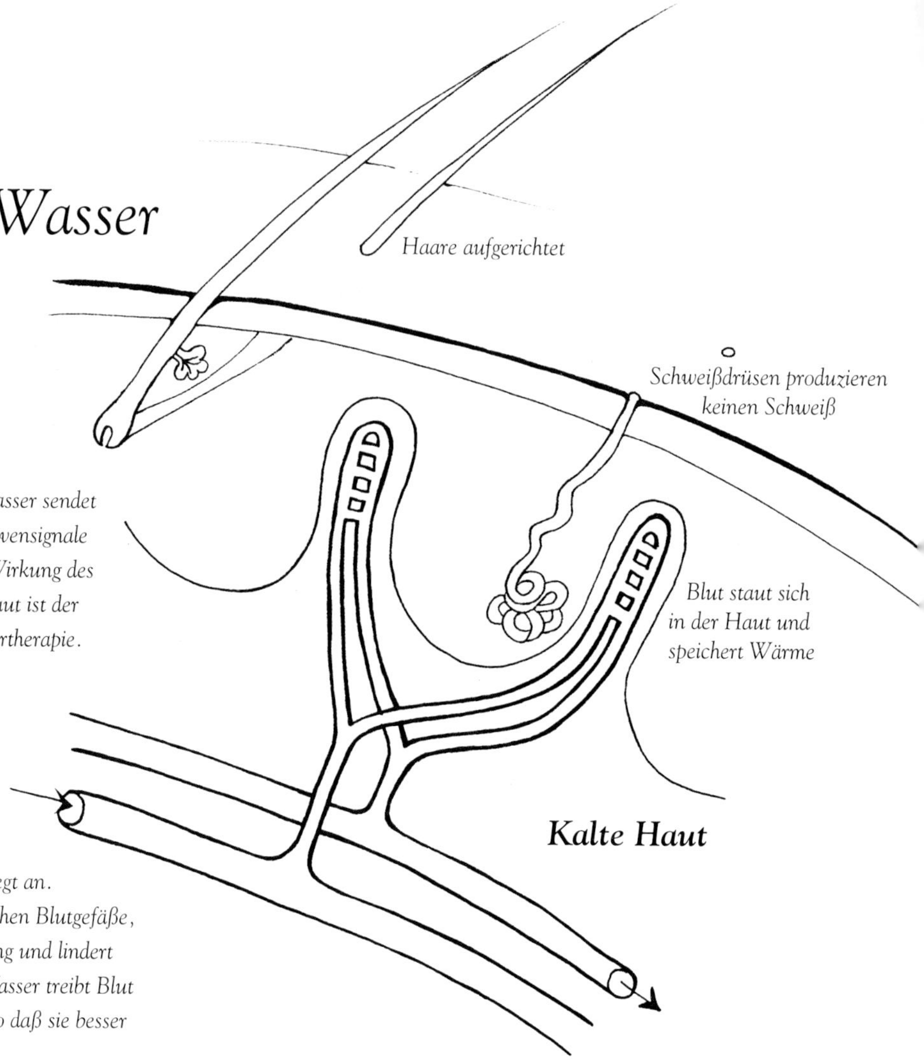

Heißes und kaltes Wasser sendet unterschiedliche Nervensignale in den Körper. Die Wirkung des Wassers auf der Haut ist der Schlüssel zur Wassertherapie.

Kaltes Wasser regt an. Es verengt die oberflächlichen Blutgefäße, hemmt die Durchblutung und lindert Entzündungen. Kaltes Wasser treibt Blut in die inneren Organe, so daß sie besser arbeiten.

Heißes Wasser entspannt. Es erweitert die Blutgefäße, senkt den Blutdruck und fördert die Durchblutung der Haut und der Muskeln, so daß steife Muskeln sich lockern. Die bessere Durchblutung regt das Immunsystem an, entschlackt den Körper und befördert mehr Sauerstoff und Nährstoffe in die Gewebe, um Schäden zu reparieren.

Abwechselnd heiße und kalte Bäder regen die Hormondrüsen an, verringern Durchblutungsstörungen, deren Ursache verspannte Muskeln sind, und harmonisieren den Blutdruck, weil die Blutgefäße sich verengen und erweitern. Sie erhöhen das elektrische Potential des Körpers, so daß er Schwingungen besser empfangen kann, und stimulieren das Lymphsystem, das Schlacken beseitigt.

Die Haut spiegelt den Allgemeinzustand besonders deutlich wider, und sie trägt dazu bei, die Gesundheit zu erhalten. Sie ist das größte Organ des Körpers, wichtig für die Entgiftung und für die Absorption. Beides geschieht durch die Poren, die Haarfollikel und die Schweißdrüsen.

Die Haut ist zudem ein wichtiges Organ für die Kommunikation. Sie sagt uns, was heiß, kalt, naß, trocken, rauh oder glatt ist; sie signalisiert Druck, Juckreiz, Schmerzen oder angenehme Empfindungen. Eine Berührung löst sofort Reflexe aus. Alle Sinne werden angesprochen, wenn wir baden oder ein aromatisches Dampfbad nehmen.

Die Haut hat eine Fläche von 3 bis 5 m² und macht bis zu 15 Prozent des Körpergewichts aus. Sie ist mit feinen, aber ausgedehnten und komplexen Nervenenden bedeckt, die Signale von der Haut unmittelbar an das

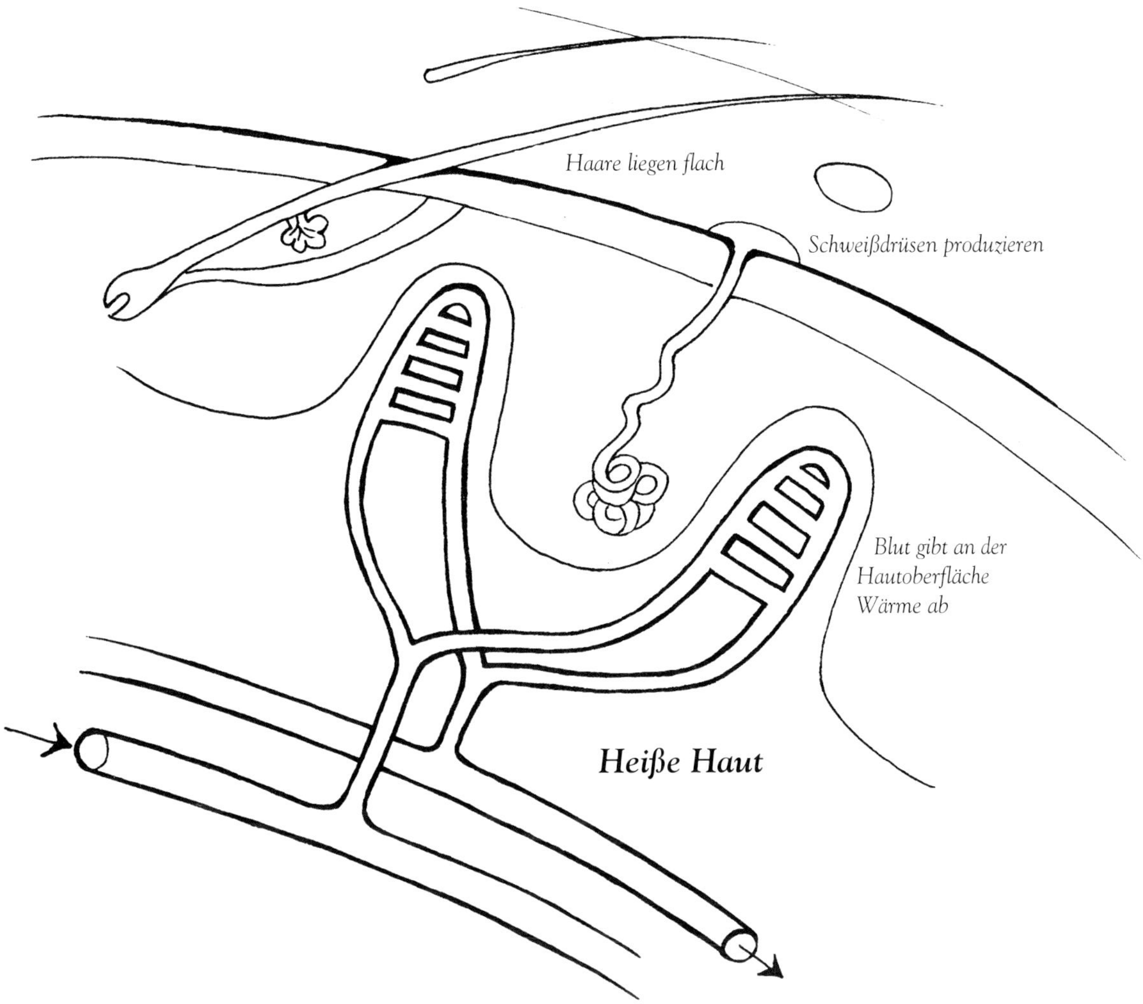

Zentralnervensystem weiterleiten. Spezielle Rezeptoren in der Haut helfen, die Körpertemperatur genau zu regulieren.

Wenn die Haut kalt ist, verengen sich Arterien, Venen und Kapillaren, um die Durchblutung zu verringern und Wärme zu speichern. Ist die Haut heiß, erweitern sich die Blutgefäße, so daß das Blut leichter an die Hautoberfläche gelangt und innere Wärme abgeben kann. Die Schweißdrüsen produzieren Schweiß, der beim Verdunsten die Haut kühlt.

Die Schweißdrüsen werden vom Hypothalamus im Gehirn gesteuert. Er reguliert die Körpertemperatur durch die Hypophyse, die eine wichtige Rolle bei der Aufrechterhaltung der Wasserbilanz spielt. Die Verbindung zwischen den Schweißdrüsen in der Haut und dem Gehirn ist also der Grund, warum wir schwitzen, wenn wir nervös, aufgeregt oder seelisch angespannt sind.

Mineralien im Badewasser

Krankheiten verändern sich im Laufe der Jahrhunderte und sogar im Laufe von Jahrzehnten. Wir brauchen uns keine Sorgen mehr über einst tödliche Krankheiten wie die Pest zu machen – aber an ihre Stelle sind andere Krankheiten getreten. Eine große Bedrohung unserer Gesundheit ist die Umweltverschmutzung. Wir können ihr nicht entgehen; aber wir können ihre Wirkung verringern. Jeden Tag sind wir Giften und Keimen ausgesetzt: in der Luft, die wir atmen, in der Nahrung, die wir essen, im Wasser, das wir trinken, am Arbeitsplatz und sogar zu Hause. Unsere Umwelt ist mit Schwermetallen und Chemikalien aus der Industrie und aus der Landwirtschaft belastet. Nahrung und Wasser enthalten Phosphate, Nitrate und Chlor, und elektromagnetische Felder durchdringen alles. Diese Gifte schwächen das Immunsystem; aber wir können die Wirkung dieser täglichen Invasion dämpfen.

Jeder Mensch besitzt die Fähigkeit, eindringende Keime zu bekämpfen. Die Effektivität der Abwehr hängt unter anderem von der Konstitution ab, von unseren ererbten und erworbenen Schwächen und Stärken, aber auch von der Lebensweise und von der Umwelt. Jeder Mensch hat einen einzigartigen ausbalancierten Stoffwechsel, der in der Lage ist, zu absorbieren, was der Körper braucht, und auszuscheiden, was er nicht braucht.

Ein schlichtes Bad kann die Konstitution kräftigen, den Stoffwechsel anregen und die Folgen der Umweltvergiftung mildern. Bäder in Mineralwasser verändern die Struktur des Wassers im Körper und ermöglichen es ihm, die heilenden Schwingungen zu empfangen, welche die Quelle der Lebenskraft sind.

Kalzium, Phosphor, Kalium, Schwefel, Natrium, Chlor, Magnesium, Eisen und Silizium sind die wichtigsten Mineralien, die wir brauchen. Hinzu kommen über 60 Spurenelemente, z. B. Zink, Kupfer, Bor, Kobalt, Chrom, Brom, Gold, Selen, Lithium, Molybdän, Mangan, Germanium, Fluor und Zinn. Kalzium ist so wichtig für das Skelett, daß es 1,5 bis 2 Prozent des Körpergewichts ausmacht (bei Spurenelementen sind es weniger als 0,01 Prozent).

Wir brauchen Mineralien

Mineralien machen das Leben möglich. Aus ihnen bestehen Felsen und Böden, und sie sind im Wasser enthalten. Sie sind die wichtigsten Nährstoffe für Menschen, Tiere und Pflanzen. Der Körper braucht manche Mineralien in großen Mengen, andere nur in Spuren *(siehe links)*. Mineralien und Spurenelemente sind gleich wichtig für die Gesundheit. Wir brauchen wenige Milligramm Zink ebenso sehr wie mehrere hundert Milligramm Kalzium.

Gärtner wissen, daß ein Boden mit ausgewogenem Nährstoffgehalt gesunde Pflanzen hervorbringt. Der Mensch ist ebenfalls gesund, wenn der Körper mit allen notwendigen Mineralien im richtigen Verhältnis versorgt ist. Wir nehmen die lebenswichtigen Mineralien mit der Nahrung und mit dem Wasser auf; aber wir können sie nicht speichern und müssen sie daher ständig ersetzen. Mineralien sind Nährstoffe, die für die Struktur und Funktion der Zellen sowie für die biochemischen und physiologischen Prozesse notwendig sind. Sie sind unentbehrliche Katalysatoren für die Resorption und Produktion von Vitaminen, Enzymen und Aminosäuren, von denen unsere Gesundheit abhängt. Wir brauchen sie auch für biologische Reaktionen wie die Weiterleitung von Nervenimpulsen, die Verdauung, die Verwertung von Nährstoffen und die Hormonproduktion. Sie halten das heikle Säure-Basen-Gleichgewicht im Körper aufrecht, das Voraussetzung für alle seelischen und körperlichen Prozesse ist.

Wenn wir zu vielen Giften und Keimen ausgesetzt sind, wird das Blut sauer. Je saurer es ist, desto weniger Sauerstoff kann es transportieren, und zusammen mit anderen Störungen führt dies dazu, daß wir anfällig für Bakterien, Viren, vorzeitiges Altern und Immunschwäche werden. Der Säuregrad des Blutes beeinflußt das Säure-Basen-Gleichgewicht des ganzen Körpers einschließlich des Speichels, des Schleims, der Magensäure und der Haut. Eine ausgewogene Mineralstoffbilanz ist also die Voraussetzung dafür, daß wir mit Umweltgiften, Streß und Infektionen fertig werden.

Wegen der Umweltverschmutzung müssen wir auf eine ausreichende Zufuhr von Mineralien achten. Aber nicht nur gesunde Ernährung ist wichtig. Auch Bäder sind in unserer verschmutzen Umwelt sehr nützlich, weil wir Mineralien durch die Haut aufnehmen können. Salzwasserbäder – im Meer oder in der Badewanne – und Schlammbäder sind besonders vorteilhaft.

Die modernen chemischen Schadstoffe und elektromagnetischen Felder schaden dem Wasser, weil sie seine Struktur verändern. Andererseits beeinflußt die elektrische Energie der Mineralien das elektromagnetische Feld des Wassers und erleichtert es ihm, gesunde Schwingungen weiterzuleiten. Ein Bad in Mineralwasser ist eine Möglichkeit, die vitale Energie des Wassers zu nutzen.

Mineralbrunnen sind überall eine Attraktion. Die Besucher können das Wasser in Flaschen abfüllen und heilende Dämpfe einatmen, die gut für die Lungen und Nebenhöhlen sind. Manche Mineralwässer enthalten Kalium, Schwefel und Eisen und wirken entwässernd. Studien belegen, daß die Haut im Wasser Kohlendioxid aufnehmen kann. Das Gas erweitert die Blutgefäße und fördert die Durchblutung.

Schon die alten Griechen verwendeten Schachtelhalm als Heilkraut. Er wirkt zusammenziehend, entwässernd und heilt Gewebe. Das Kraut enthält wertvollste Mineralien: Kieselsäure, Kalium, Mangan, Magnesium.

Baden im Meer

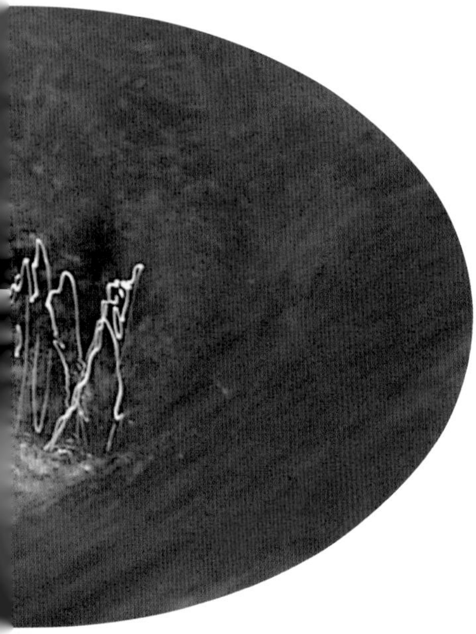

Das Meer ist das Blut des Planeten. Es beeinflußt die Energie aller Menschen, einerlei, wo sie leben, weil sein Wasser himmlische und physikalische Informationen von einer Küste zur anderen trägt. Jeder Tropfen Flüssigkeit auf Erden spiegelt die Gezeiten der Ozeane wider, das Blut in den Adern ebenso wie das Trinkwasser. Die großen Wassermassen der Erde wirken also unmittelbar auf unsere Lebenskraft ein.

Das Meer beschwört ein lebhaftes Bild der Gesundheit, des Glücks, der Energie und der Ruhe herauf. Es hat uns allen etwas zu bieten, und nichts kann den Körper und die Seele wirksamer stärken und verjüngen. Füllen Sie die Lungen mit salziger Luft, genießen Sie die Düfte des Meeres und die Geräusche der Wellen. Setzen Sie sich auf einen Felsen, und beobachten Sie den ewigen Rhythmus des Meeres. Entspannen Sie den Geist, und lassen Sie die Gedanken wandern. Das Meer läßt Ihren Energiepegel allmählich steigen. Ein Bad im Meer kann verbrauchte Energie erneuern, seelische und körperliche Beschwerden heilen und Krankheiten verhüten.

Serotonin, manchmal als „Glückshormon" bezeichnet, ist ein Neurotransmitter, den das Gehirn produziert, um Stimmungen zu regulieren. Luft, die zu viele positiven Ionen enthält, stört die Serotoninproduktion und damit auch das seelische Gleichgewicht – wir fühlen uns gestreßt und ängstlich oder lethargisch und deprimiert.

Die Energie des Meeresufers

Einerlei, wo wir uns befinden – in der Stadt, auf dem Land, im Gebirge oder an der Küste –, die Luft enthält etwa die gleiche Menge Sauerstoff (21 %). Dennoch ist sie manchmal „schwer", manchmal erfrischend.

Die Luftqualität hängt vom Fließen der elektrischen Energie und von ihrer Wechselwirkung mit den elektrischen und magnetischen Feldern der Erde ab (*siehe Seite 63-4*). Das liegt zum Teil am Wetter, da das elektrische Feld der Erde von Sonne, Regen, Wind und vor allem Blitz und Donner beeinflußt wird. Das unbehagliche Gefühl vor einem Gewitter ist auf die Zunahme der positiven Ionen in der Atmosphäre zurückzuführen. Erst wenn Regen oder Blitze genügend negative Ionen erzeugen, fühlen wir uns besser. Abgesehen vom Wetter beeinflußt vor allem die Umweltverschmutzung die Luftqualität; denn chemische Schadstoffe vernichten negative Ionen.

Während Luftschadstoffe zu viele positive Ionen erzeugen, setzt fließendes Wasser eine Menge negative Ionen frei. Wenn das Wasser sich in Tropfen teilt,

bleiben die positiven Ionen bei den größeren Tropfen und die negativen schweben mit dem feinen Nebel in der Luft. Je feiner dieser Nebel ist, desto mehr negative Ionen entstehen durch die Reibung zwischen Luft und Wasser. An der Küste der Meere und in den Bergen ist die Luft immer negativ, sie vertieft die Atmung und steigert die Energie.

In unseren modernen Städten ist der Boden mit Asphalt und Beton bedeckt, die das Magnetfeld der Erde verändern, elektromagnetische Störungen hervorrufen und die Bildung negativer Ionen verhindern. In der schmutzigen Luft der Städte entstehen immer mehr positive Ionen, und die Folge ist, daß wir müde und gereizt werden.

Die Energie des Meerwassers

Das Meer enthält alle natürlichen Elemente, Mitbringsel unzähliger Flüsse und Ströme. Da ein Teil des Wassers verdampft und die Mineralien zurückbleiben, entsteht bitteres, salziges Meerwasser. Es wirkt antibakteriell und heilt Hautinfektionen innerlich und äußerlich. Ein Bad im Meerwasser stärkt die Gesundheit, weil es Vitamine und Mineralien enthält, und zwar fast im gleichen Verhältnis wie unser Blut, das alle Zellen ernährt.

Immer mehr Kurkliniken behandeln mit Meerwasser, Algen und Schlamm. Meist baden die Gäste in angenehm warmen Becken und machen darin Gymnastik. Manche lassen sich an Düsen massieren, aus denen heißes, mit Algen versetztes Meerwasser strömt, um die Durchblutung und die Lymphdrainage zu fördern. Einige Kurorte bieten Ganzkörpermasssagen unter einer Meerwasserdusche an. Diese Anwendungen sind besonders bei rheumatischen Erkrankungen zu empfehlen.

Wenn das Meerwasser die gleiche Temperatur wie das Blut hat, kann das Blut Mineralien aufnehmen und bei Bedarf an die Zellen abgeben. Sie harmonisieren den ganzen Körper. Die Meeresflora – Algen und Seegras – enthält Eiweiße und Vitamine, die den Körper durch die Haut ernähren und entgiften. Das Jod im Meerwasser ist ein starkes natürliches Antiseptikum und spielt eine wichtige Rolle für die Funktion der Schilddrüse, welche die Biochemie des Körpers steuert.

Algen und Seegras säubern die Ozeane. Sie absorbieren Schwermetalle und andere Schadstoffe, so daß das Wasser rein genug bleibt, um tierisches und pflanzliches Leben zu beherbergen. Algen können auch unseren Körper entgiften, doch leider sind sie oft selbst vergiftet, da sie ja schädliche Chemikalien aufnehmen. Achten Sie also darauf, nur Algen aus sauberem Wasser zu essen.

Sanatorien für Tuberkulosekranke werden meist im Gebirge oder in Meeresnähe gebaut, wo die Luft reich an negativen Ionen ist. Diese Ionen schenken neue Energie und bekämpfen Bakterien.

Die heute noch beliebte Thalassotherapie ist ein uraltes griechisches Heilverfahren, das Meeresluft, eiweißreiche Algen und mineralstoffhaltigen Schlamm oder Lehm aus dem Meeresboden verwendet. Ursprünglich wurde diese Methode empfohlen, um die Konstitution zu kräftigen, steife Muskeln zu lockern und Verdauungsbeschwerden zu heilen.

Die Behandlung von Kranken mit Schlamm und Lehm aus dem Meer wird zuweilen auch Pelotherapie genannt.

Meerwasser und Strahlung

Der Begriff „Strahlung" hat mehrere Bedeutungen. Auf jeden Fall ist Strahlung ein natürliches Phänomen, zu dem auch das Licht und die Wärme der Sonne gehören. Problematisch ist jedoch die zunehmende Strahlenbelastung im Haushalt und am Arbeitsplatz *(siehe auch Seite 64-5)*.

Die normale Hintergrundstrahlung stärkt die Gesundheit, da sie die Erneuerung der Zellen und Gewebe fördert.

Im Übermaß verursacht Strahlung Reizbarkeit, Müdigkeit, Depressionen und Krankheiten. Sie zerstört rote Blutkörperchen, schwächt das Immunsystem und hemmt die Erneuerung der Gewebe. Meersalz enthält radioaktive Elemente in winzigen Mengen, die offenbar Strahlung neutralisieren können. Regelmäßige Bäder im Meer, Thalassotherapie und Bäder zu Hause *(siehe nächste Seite)* tragen also dazu bei, den Körper und den Geist zu harmonisieren.

Salz hat immer als starkes Reinigungs- und Konservierungsmittel gegolten (es hält beispielsweise Nahrungsmittel frisch). Wasser aus dem Toten Meer in Israel enthält mehr Mineralsalze als jedes andere Wasser, nämlich dreißig Prozent Salz und über ein Kilo gelöste Mineralien je Liter.

Das Wasser des Toten Meeres hat daher eine starke magnetische Ladung und hat zudem die heilende UV-Strahlung der Sonne absorbiert. Diese Energien befinden sich im Gleichgewicht und helfen uns daher, die Energien des Körpers auszugleichen.

Dank seines Wassers hat das Tote Meer, der tiefste Punkt der Erde, von allen Meeren die allergrößte Heilkraft.

Bäder in Salzwasser sind vor allem bei Haut-, Muskel- und Knochenkrankheiten und zur allgemeinen Kräftigung zu empfehlen. Sie sind auch nützlich für Menschen, die sich von einer Operation erholen, da der Auftrieb im Salzwasser stark ist und Bewegungen ermöglicht, die sonst unmöglich oder schmerzhaft wären. Wenn Sie nicht ans Tote Meer oder an den Großen Salzsee in Utah (USA) reisen wollen, finden Sie in vielen Kurkliniken Salzwasserbecken – jedoch leider meist ohne das schöne Wetter.

Streuen Sie zwei Teelöffel Salz aus dem Toten Meer in warmes Badewasser. Das Bad lindert Akne, Schuppenflechte und Ekzeme.

Heilende Bäder

So reinigen Sie Ihr Wasser

Mit Salz aus dem Toten Meer können Sie ihr Badewasser am einfachsten reinigen und mit Energie erfüllen. Sie können es auch durch Schall, Düfte und Farben lebendiger machen. Dafür brauchen Sie einen Glasbehälter mit Deckel oder einen Krug aus natürlichen Mineralien, zum Beispiel Onyx oder Alabaster, zwei Handvoll Salz aus dem Toten Meer (nehmen Sie nie verarbeitetes weißes Salz, sondern immer natürliches graues Salz) und einen Teelöffel nicht parfümiertes Talkumpuder.

- *Füllen Sie die Badewanne mit warmem Wasser. Füllen Sie dann den Glasbehälter mit Wasser aus der Wanne, leeren Sie Salz und Talkum hinein, decken Sie das Glas zu, und schütteln Sie es einige Minuten kräftig. Dadurch imitieren Sie das Verfahren der Homöopathie.*
- *Leeren Sie den Behälter ins Badewasser, und rühren Sie es mit der Hand um. Formen Sie dabei mehrere große „Achten" im Uhrzeigersinn und in der Gegenrichtung. So erzeugen Sie mehrere Wirbel, die es dem Wasser erleichtern, heilende Schwingungen zu absorbieren.*

Düfte

Ein warmes, duftendes Bad wirkt herrlich entspannend und lindert Nervosität, Schlafstörungen und Muskelbeschwerden. Gießen Sie einen starken Kräutertee ins Wasser, oder binden Sie einen Musselinbeutel mit frischen oder getrockneten Kräutern unter den Wasserhahn, wenn Sie das Wasser einlassen. Sie können auch einige Tropfen aromatisches Öl ins Wasser träufeln und gründlich umrühren.

- Lavendel ist eine sehr wirksame Arznei für das Bad. Er entspannt, erfrischt müde Muskeln, stärkt die Abwehr gegen Viren und entgiftet.
- Thymian und Rosmarin helfen gegen Müdigkeit. Kamille, Weihrauch und Salbei fördern ebenfalls die Entspannung und den Schlaf.
- Geben Sie nie mehr als 10 Tropfen Aromaöl ins Wasser. Für ein Kleinkind genügt ein Tropfen, für Kinder 2 oder 3 (siehe Seite 115). Kamille und Lavendel eignen sich besonders gut für Babys und Kinder. Wenn Sie statt Kräutertee aromatische Öle nehmen, sollten Sie diese zuerst mit Sonnenblumenöl vermischen.
- Kräuterbäder kräftigen die Haut. Ilang-Ilang, Sandelholz, Weihrauch und Rosenöl machen die Haut weich und glänzend.

Die Macht der Farben

Gesundes Wasser kann die subtilen Schwingungen der Farben aufnehmen. Haut und Gehirn reagieren besonders empfindlich auf verschiedene Farben, von denen einige entspannen, andere anregen.

- Wenn Sie sich beim Baden entspannen wollen, umgeben Sie sich mit kühlen Farben: Türkis, Blau und Violett sind besonders geeignet. Grün wirkt harmonisierend. Lassen Sie Ihren Instinkt entscheiden. Sie können farbige Glühbirnen benutzen oder das Badezimmer mit bunten Stoffen drapieren oder Aura-Soma-Arzneien anwenden. Wickeln Sie sich in Handtücher mit kräftigen Farben, wenn Sie aus dem Bad steigen.

Nach dem Bad sollten Sie das Zimmer von Ihren Schwingungen reinigen. Verwenden Sie ein natürliches Reinigungsmittel, und wischen Sie die Wanne mit einer halben Zitrone ab.

Entspannung

- Wenn Sie sich entspannen wollen, muß das Wasser so warm sein, daß Sie 15 bis 20 Minuten in der Wanne liegen können, ohne zu frösteln. Lassen Sie aber kein heißes Wasser nachlaufen.
- Baden Sie, wenn möglich, am Abend, um sich auf einen tiefen, entspannten Schlaf vorzubereiten.
- Schließen Sie während des Bades die Augen. Dadurch verringern Sie die Aktivität des Geistes und werden empfänglicher für die heilenden Schwingungen, die Sie umgeben.
- Denken Sie heilende Gedanken. Denken Sie an ein schönes Erlebnis, oder denken Sie positive Affirmationen.

Beruhigende Geräusche

Wasser eignet sich hervorragend, um Schall weiterzuleiten. Der Körper kann viele Frequenzen wahrnehmen, die den Ohren entgehen, weil das Wasser in den Geweben auch unhörbare Laute empfängt und verstärkt.

- Hören Sie ein Tonband mit Meeresrauschen, während Sie baden. Das fördert die Tiefentspannung. Wenn Sie ruhig und rhythmisch mit dem Geräusch der Wellen atmen, nehmen Sie die heilenden Schwingungen des Meeres auf.

Baden mit Blütendüften

Sie können Ihr Badezimmer in ein Duftzimmer verwandeln und sich darin herrlich entspannen. Diese Idee stammt von den Azteken, die für diesen Zweck neben den Tempeln kleine Häuser aus Lehm oder Stein bauten, die sie *temezcal* nannten. Im Inneren, gegenüber der kleinen Tür, befand sich ein flaches Becken mit heißem Wasser auf erhitzten Steinen, und auf dem Wasser schwammen Blüten. Man streute Kräuter ins heiße Wasser und auf die Steine, um köstliche Düfte zu erzeugen. Die Azteken schützten sich mit diesen Bädern vor Krankheiten, besonders vor Verdauungs- und Kreislaufbeschwerden. Alte indische Manuskripte enthalten genaue Anweisungen für Duftbäder. Man streute Blüten- und Kräuteröle ins Wasser, um Krankheiten zu behandeln. Die Inder stellten ihre Blütenöle her, indem sie Flaschen mit Öl über Nacht neben blühende Blumen stellten. Das Öl absorbierte den Duft der Blumen. In der folgenden Nacht stellten sie die Flasche neben andere Blumen und so weiter, bis sie nach mehreren Nächten eine exotische Duftmischung erhielten. Diese Öle hatten in der wedischen Heilkunst große Bedeutung. Heute nehmen wir duftende Bäder, um Müdigkeit, Erkrankungen der Atemwege und Infektionen zu behandeln und den Körper zu kräftigen. Blütenöle stimulieren den Sauerstoff im Blut und stärken somit das Immunsystem. Sie können die oberen Atemwege auch reinigen, wenn Sie Kräuter- und Blütendüfte in einem trockenen Hitzebad inhalieren.

Ihr eigenes Duftbad

Wenn Sie in einer heißen, sonnigen Klimazone leben, können Sie die Methoden der Azteken und Inder (siehe links) ausprobieren. Wenn nicht, versuchen Sie Folgendes:

- *Sie brauchen frische, duftende Blüten und/ oder Kräuter, ein kleines Glas mit Deckel oder einen kleinen Krug mit Schraubverschluß, ein nicht gebleichtes Baumwolltuch und einige Teelöffel helles, nicht raffiniertes Öl. Das Öl darf nicht zu dickflüssig und nicht parfümiert sein. Organisches Sonnenblumenöl ist eine gute Basis und enthält viel Vitamin D.*
- *Tränken Sie ein kleines Stück Tuch mit Öl, legen Sie es in das Glas, und streuen Sie frische Blüten oder Kräuter darüber.*
- *Machen Sie so viele Schichten aus Stoff und Blüten, bis das Glas voll ist. Verschließen Sie es, und stellen Sie es drei Tage an einen warmen Platz. Schütteln Sie es jeden Tag leicht.*
- *Tauschen Sie dann die Blüten aus, bis die ölgetränkten Tücher völlig mit Düften gesättigt sind. Das dauert etwa zwei Wochen.*
- *Legen Sie die duftenden Tücher in einen Verdampfer, wie man ihn für die Aromatherapie benutzt, oder stellen Sie einen Dampftopf auf einen kleinen Kocher, und legen Sie die Tücher oben hinein. Stellen Sie den Verdampfer oder den Topf auf einen Stuhl neben dem Kopfende.*
- *Füllen Sie die Wanne etwa 15 cm hoch mit warmem Wasser, und streuen Sie zwei Handvoll Salz aus dem Toten Meer hinein. Legen Sie sich in die Wanne, und lassen Sie den Kopf auf einem Badekissen aus Gummi oder einem gefalteten Handtuch ruhen.*
- *Schließen Sie die Augen, und stellen Sie sich vor, daß der Körper sich langsam entspannt. Beginnen Sie an der Stirn, und machen Sie weiter bis zu den Fingern und Zehen.*
- *Wenn Sie bereit sind, stehen Sie langsam auf und trocknen sich kräftig ab.*

Die belebende Dusche

An manchen Tagen wachen wir voller Energie auf, an anderen fühlen wir uns schlapp und unkonzentriert. Streß, Krankheiten oder Schlafmangel zehren bisweilen unsere Energiereserven auf. Darum ist eine belebende Dusche ein guter Start in den Tag. Die negativen Ionen im sprudelnden Wasser *(siehe Seite 122)* wirken erfrischend wie ein Spaziergang am Strand oder an einem Wasserfall. Die Dusche hilft uns, neue Energie zu tanken.

Viele Völker Nordeuropas schätzen seit langem kalte Duschen, um den Kreislauf anzukurbeln und den neuen Tag fröhlich zu beginnen.

In Skandinavien und Rußland sind Wasseranwendungen weit verbreitet; sie sollen den Körper und die Seele stärken, dabei fördern sie gleichzeitig die Geselligkeit.

Die Japaner haben ein hoch entwickeltes Verhältnis zum Wasser, und der Geist der Reinheit ist die Grundlage ihrer Religion und Philosophie. Im uralten Schintoismus spielte die rituelle Reinigung immer eine große Rolle, sei es das Waschen der Hände und des Mundes an einem Brunnen am Tempeleingang, sei es ein Gebet unter einem eiskalten Wasserfall.

Viele Kampfsportler duschen unter einem Wasserfall oder, wenn keiner in der Nähe ist, unter einem Eimer mit kaltem Wasser.

Die Kiefer hat eine reinigende Wirkung. Sie wirkt stark antiseptisch und desodorierend, und ihr aromatisches Öl befreit die Atemwege. Wenn Sie abends in einem Kiefernwald spazieren, sollten Sie einmal beobachten, wie lange die Kiefern eine helle Aura behalten, während andere Bäume längst dunkel sind. Die Kiefer schenkt uns Energie, die unsere Lebenskraft stärkt.

- *Nehmen Sie ein Gemisch aus Salz vom Toten Meer und Talkum (siehe Seite 126), und schütteln Sie es ohne Wasser im Behälter. Streuen Sie die Mixtur auf ein nicht gebleichtes Musselintuch, geben Sie 4 Tropfen Kiefernöl dazu, und binden Sie das Tuch um den Kopf der Dusche.*
  Wenn Sie duschen, stimulieren das negativ geladene Wasser auf der Haut und die Schwingungen des Kiefernöls den Kreislauf. Der Körper kann mehr Sauerstoff aufnehmen, und Ihre Energie nimmt zu.
  Musik, Visualisieren und Massage verstärken die Wirkung der Dusche.
- *Duschen Sie zunächst warm, und senken Sie die Temperatur allmählich. Je kühler das Wasser ist, desto stärker erfrischt es und regt den Kreislauf an.*
- *Benutzen Sie einen Naturschwamm oder eine Naturbürste, um die Durchblutung und das Lymphsystem noch stärker anzuregen. Machen Sie Schwamm oder Bürste gut naß, und machen Sie damit sanfte, kreisförmige Bewegungen über den ganzen Körper, immer zum Herzen hin. So öffnen Sie die Meridiane, durch die das Chi fließt, und stärken den Kreislauf.*
- *Trocknen Sie sich kräftig mit einem Handtuch ab, am besten mit einem Handtuch, das eine kräftige, stimulierende Farbe hat: Gelb, Orange oder Rot.*
- *Zum Schluß besprühen Sie den ganzen Körper mit einem Spray aus vitalisiertem Wasser, dem Sie 2 Tropfen Aromaöl hinzugefügt haben, und lassen die Haut selbst trocknen.*

Heilende Laute

Das Wissen um heilende Laute stammt im wesentlichen aus dem Orient, wo die Ärzte glauben, daß gesunde Organe auf derselben Frequenz schwingen wie bestimmte Töne. Wenn Sie eine harmonische Resonanz auf der richtigen Frequenz herstellen, kann das *Chi* besser zirkulieren und der Körper wird gekräftigt.

Die Cymatik (siehe Seite 76) hat diesen Gedanken aufgenommen und behandelt Kranke mit Tönen, die subtile Energien im Körper beeinflussen.

Therapeuten bestrahlen ihre Patienten mit heilenden Frequenzen, um bestimmte Beschwerden zu heilen und den Allgemeinzustand zu verbessern. Singen unter der Dusche ist also eine gute Idee! Es kann die erfrischende Wirkung tatsächlich verstärken.

Die tibetische und die chinesische Medizin glauben an universelle Töne, die Schmerzen, Krankheit oder Freude ausdrücken. Wenn die Stimme mit einem Organ in Resonanz steht, wird es besser mit *Chi* versorgt und arbeitet besser.

Es gibt sechs traditionelle heilende Laute in der chinesischen Medizin, die mit bestimmten Organen schwingen. „Hu" regt beispielsweise die Milz an, den „Kaiser des Körpers", das wichtigste Organ des *Chi*.

Wenn Sie also unter der Dusche „Hu" (mit langem u) singen, stimulieren Sie die Milz und vergrößern Ihre Energiereserven.

Stellen Sie sich morgens nach dem Aufstehen drei bis fünf Minuten unter eine kalte Dusche. Das regt den Kreislauf an, so daß Sie den Tag in einem guten körperlichen und seelischen Zustand beginnen können.
Warnung: *Duschen Sie nicht kalt, wenn Sie Fieber oder Herzprobleme haben.*

Visualisieren

Stellen Sie sich beim Duschen Sonnenstrahlen vor, die durch Kiefern dringen. Lenken Sie die Farbe der Strahlen zum linken unteren Teil des Brustkorbs, so daß sie in die Milz sickert und sie kräftigt. Die Milz schwingt auf derselben Frequenz wie die Farbe und die Wärme der Sonne.

Massage

Die chinesische Medizin hat uns gezeigt, daß die Massage bestimmter Punkte am Körper vitalisierend wirkt. Massage beim Duschen ist sehr wirksam. Dabei wird Druck auf spezifische Punkte ausgeübt, welche die Zirkulation der Energie im Körper fördern.

Die Schilddrüse reguliert die Biochemie des Körpers und somit auch seine Energie. Wenn Sie die Punkte, die mit dieser Drüse verbunden sind, kurz massieren, lösen Sie Prozesse aus, die Sie mit Energie versorgen und vitalisieren.

Unter der Dusche ist diese Massage gleich doppelt wirksam, weil Sie gleichzeitig Energie aus dem Wasser aufnehmen.

Zwei Punkte, welche die Schilddrüse beeinflussen, befinden sich an der Wurzel der Daumennägel, und zwar an der Seite neben dem Zeigefinger. Massieren Sie von diesem Punkt aus nach unten auf das Gabelbein zwischen Daumen und Zeigefinger zu. Machen Sie kleine Kreisbewegungen, und wiederholen Sie die Massage mehrere Male hintereinander.

Zwei weitere Punkte liegen an der Wurzel der großen Zehen. Sicherheitshalber sollten Sie diese jedoch erst massieren, nachdem Sie sich abgetrocknet haben.

In einem arabischen Hammam (Badehaus) folgen auf das Bad kräftiges Abbürsten, eine Massage und Schlammpackungen, um den Körper zu entgiften. Das Abbürsten regt das Lymphsystem an, das Schlacken ausscheidet. Im Gegensatz zum Blutkreislauf, den das Herz in Gang hält, ist das Lymphsystem auf Bewegungen angewiesen.

Kräuter und Blüten

Wenn Sie morgens müde sind oder sich häufig erkälten, können Sie die Wirkung der Dusche verstärken, indem Sie gleich nach dem Abtrocknen Öl in die Haut einmassieren.

Ysop ist besonders hilfreich bei Erkältungen.

Fenchel, Geranie und Wacholder entgiften den Körper, vor allem wenn Sie einen Kater haben.

Rosmarin und Bergamotte wirken belebend, Thymian und Pfefferminze helfen bei Müdigkeit.

Besprühen Sie den ganzen Körper nach der Dusche mit Rosenwasser, das erfrischt und verschönt die Haut. Rosenwasser wurde einst überall in Küchen und Badezimmern benutzt; heute ist es leider aus der Mode, weil neue Lotionen und Wässerchen es verdrängt haben. Dennoch ist es eines der einfachsten und wirksamsten Schönheitsmittel.

Stellen Sie selbst Rosenwasser her, indem Sie frische Blütenblätter von Rosen in einen kleinen Krug mit destilliertem Wasser streuen. Schütteln Sie ihn zwei Wochen lang jeden Tag, seihen Sie die Blütenblätter ab, und verwenden Sie das Wasser. Besprühen Sie damit die Haut.

Wasserkuren

Therapien in Kurorten:

Bäder

Thalassotherapie

Schlammpackungen

Whirlpools

Wasserstrahl-Massage

Sitzbäder

Dampfbäder und Saunas

Massage

Es gibt Tausende von Geschichten über das Wasser in bestimmten Kurorten. Man schreibt ihm wundersame Fähigkeiten zu, und es heilt angeblich zahlreiche Krankheiten von der Grippe bis zur Blindheit. Eine österreichische Werbebroschüre behauptete neulich, in den Kurorten des Landes würden Entwicklungsstörungen bei Kindern, Unfruchtbarkeit bei älteren Frauen und vieles andere erfolgreich behandelt!

In den meisten Kurorten gibt es Quellen mit Mineralwasser. Zu den ältesten Kurorten dieser Art gehört Spa in Belgien, dessen Name im Englischen gleichbedeutend mit „Kurort" ist. Doch jeder Brunnen, jede Quelle und jeder Kurort ist einzigartig, und auch das Wasser unterscheidet sich hinsichtlich seines Gehalts an Mineralien und Spurenelementen. Diese Unterschiede sind auf die Felsen, Lehmschichten und Torfschichten zurückzuführen, durch die das Wasser sickert, außerdem von natürlichen Gasen und vom örtlichen elektrischen und magnetischen Feld abhängig.

Wasserkuren waren immer beliebt. Im vergangenen Jahrhundert waren sie in Nordeuropa geradezu ein Teil des gesellschaftlichen Lebens; doch ihre Popularität ließ nach, als die Wasserversorgung der Haushalte sich verbesserte. Heute sind Wasserkuren erneut gefragt, vor allem bei jungen Leuten.

Wenn sich in Ihrer Nähe kein Kurort befindet oder wenn Sie eine Kur im Ausland machen wollen, können Sie sich an ein Reisebüro wenden. Sie finden Kurorte in Finnland, Costa Rica, Jamaika, Israel, Südafrika Thailand und Malta. Einige der ältesten Kurorte liegen in der Türkei, in Island und in Japan.

Wasserkuren sind heute besonders nützlich, weil viele Menschen wegen ihrer ungesunden Ernährung und Lebensweise an Mineralstoffmangel leiden. Wenn Sie in Mineralwasser baden, nimmt der Körper lebenswichtige Mineralien auf, um damit Krankheiten zu heilen. Außerdem produziert er mehr entzündungshemmende Hormone (Endorphine), die Schmerzen lindern. Die Anwendungen verbinden meist das Einatmen negativer Ionen mit der Zufuhr von Spurenelementen und Mineralien, und oft werden die Gäste auch mit Meersalz und antibakteriellem Plankton behandelt.

Manche Kurorte bieten eine Therapie mit blaugrünen Algen (Spirulina und Chlorella) an. Diese Algen enthalten Vitamin B12, pflanzliche Wirkstoffe, Antioxidantien und Chlorophyll, die den Körper entgiften und das Immunsystem stärken. Der blaue Farbstoff hilft dem Organismus, Schwermetalle auszuscheiden. Sie können blaugrüne Algen als Bad, Schönheitsmaske oder Nahrungsergänzung kaufen. Ihr Wirkung ist belegt, sogar die NASA denkt daran, Spirulina als Astronautennahrung zu verwenden.

Wenn Sie unter Streß leiden oder Schmerzen haben, verlassen Sie einen Kurort wahrscheinlich entspannt und mit einem Gefühl des Wohlbefindens. Eine Kur mit Wasseranwendungen verbessert den Allgemeinzustand, lindert Streß und ist außerdem hilfreich bei folgenden Krankheiten:

- Asthma: Negative Ionen stimulieren die Atemwege, und Mineralien helfen, die Histaminproduktion zu regulieren.
- Muskel- und Gelenkschmerzen: Ein höherer Endorphinspiegel lindert Schmerzen und macht beweglicher.
- Kreislaufbeschwerden und Krampfadern: Die Mineralien, die der Körper absorbiert, fördern und regulieren die Durchblutung und beseitigen Blockaden.
- Schuppenflechte und Ekzeme: Antibakterielles Plankton und Mineralien lindern Hautsymptome.
- Rheumatoide Arthritis: Mineralisiertes, lebendiges Wasser hilft, schmerzenden und steifen Gelenken vorzubeugen.
- Osteoarthritis und Osteoporose: Die Mineralien im Wasser stärken das Immunsystem und regen die Produktion von weißen Blutkörperchen an.
- Operationen: Das belebende, antibakteriell wirkende Mineralwasser fördert die Heilung.
- Kleine Infektionen: Mineralien und antibakterielles Plankton fördern die Genesung.

Heisse Quellen und Whirlpools

Alle vulkanischen Inseln sind mit zahlreichen heißen Mineralquellen gesegnet, die mit großer Kraft aus der Erde schießen, so daß ihr Wasser noch heilkräftiger ist. Bäder in heißem Quellwasser sind die sinnlichsten Bäder überhaupt: Sie baden im Freien in ständig sprudelndem Wasser, selbst wenn draußen Schnee liegt.

Badende gleiten sanft in einen Zustand der Harmonie mit der Umgebung. Viele Leute sind fröhlich gestimmt, und oft kommen ganze Gruppen von Freunden oder Kollegen. Bald werden jedoch alle ruhiger und versinken immer tiefer im heißen Wasser, stöhnend vor Vergnügen.

Heiße Quellen haben einen unterschiedlichen Mineralgehalt. In Japan wird der Mineralgehalt jeder einzelnen der mehreren tausend *onsen* (Quellen) veröf-

Einige Kurkliniken bieten Massagen an, bei denen heiße Wasserstrahlen auf den ganzen Körper gerichtet werden, während Sie auf einer Massagematte liegen oder in einer speziellen Wanne sitzen. Das ist eine ideale Therapie gegen Streß und Müdigkeit; sie lindert Schmerzen und ruft ein Gefühl des Wohlbefindens hervor.
Zu Hause können Sie sich in einem warmen Bad entspannen und den Strahl der Dusche bei starkem Druck unter Wasser auf schmerzende Stellen richten oder dem ganzen Körper eine Unterwassermassage verabreichen.

fentlicht und ist bei Fremdenverkehrsbüros erhältlich. Die Japaner besuchen ihre heißen Quellen seit dem Beginn ihrer Geschichte. Die Quellen sind dafür bekannt, daß sie bestimmte Krankheiten lindern, entspannen und das Wohlbefinden fördern. Japaner baden oft öffentlich und in Gruppen, und auch zu Hause badet oft die ganze Familie.

Das tägliche Bad hat sich seit Jahrhunderten nicht verändert: Man reinigt sich zuerst vom Schmutz und entspannt sich dann in einer tiefen Wanne oder in einem Becken mit sauberem Wasser.

Mit heißen Bädern kann man ähnliche Wirkungen erzielen wie in heißen Quellen. Sie werden auch deshalb immer beliebter, weil sie ein geselliges Ereignis sind. Eine Gruppe von Leuten badet zusammen in einer Wanne und läßt sich von heißen Wasserstrahlen massieren.

Whirlpools („Strudelbecken") sind heute in vielen modernen Bädern in Amerika und Europa zu finden. Die Australier mit ihrem warmen Klima genießen sie im Freien. Die Wasserstrahlen schießen aus gut verteilten Düsen, so daß das Wasser sich ständig bewegt und Energie aufnimmt und dabei kleine Wirbel bildet. Das aufgewühlte Wasser entspannt und belebt den Körper. Sie können während des Bades eine angenehme Temperatur beibehalten oder sie verändern.

Whirlpools fördern das Wohlbefinden und die Gesundheit. Die Massage hilft vor allem Menschen, die Kreislaufbeschwerden oder steife Muskeln haben. Nach dem Sport verhindert das Bad, daß sich in den Muskeln Milchsäure ansammelt. Heiße Bäder im Whirlpool lindern chronische Schmerzen.

In manchen Kurkliniken bekommen Sie Schlammbäder. Sie können in heißem, mineralreichem Schlamm waten, und wenn Sie sich in ein Schlammbad mit Mineralwasser legen, schwitzen Sie und scheiden Schlacken aus.

Die Wärme und das Gewicht des Schlamms entspannen die Muskeln und verbessern die Durchblutung, sie machen Gelenke geschmeidiger und beruhigen die Nerven. Schlammbäder helfen auch bei Akne und Schuppenflechte. Am besten nehmen Sie nach dem Schlammbad eine Dusche und ein kühles Bad und ruhen sich dann aus.

In Island sind heiße Quellen ebenso beliebt wie in Japan. Das Land kann sich vieler Seen mit Mineralwasser rühmen. Sehr populär ist die „Blaue Lagune", wo das Wasser Farbe aus den Mineralien und aus dem Schlamm aufnimmt. Man schreibt ihm heilende Wirkungen zu.

Schlammpackungen entgiften. Sie werden in einen Kokon gehüllt, der aus Algen und Meerwasser sowie aus einer Lehmschicht besteht. Sanftes Abschrubben und eine Massage folgen. Die eiweiß- und vitaminreichen Algen und der Schlamm ziehen Giftstoffe aus dem Körper und führen ihm Nährstoffe zu. Schwimmen und eine Massage regen den Kreislauf an und erfrischen.

Schwitzbäder

Warnung: *Saunas und Dampfbäder sind nicht für Schwangere in den ersten drei Monaten und kleine Kinder geeignet. Ältere Menschen sollten sie nur anwenden, wenn sie daran gewöhnt sind.*

Eine Sauna oder ein Dampfbad bringen neue Energie. Obwohl Schwitzen ein natürlicher Vorgang ist, sollten Sie Hitze meiden, wenn Sie hohen Blutdruck, Angina, Herzkrankheiten oder Diabetes haben. Nehmen Sie kein Schwitzbad, wenn Sie vor kurzem operiert worden sind, wenn Sie an Epilepsie oder Asthma leiden oder wenn Sie schon einmal eine Thrombose gehabt haben.

Trockene Hitze ist hilfreich bei Erkrankungen der Atemorgane. Feuchte Hitze befreit die Atemwege bei Erkältungen und Nebenhöhlenentzündungen. Heiße Dampfbäder wirken hervorragend bei Infektionen und leichtem Fieber. Der Dampf fördert die Durchblutung der Haut und das Schwitzen, reinigt also den Körper von innen und entfernt Schlacken durch die zwei bis vier Millionen Schweißdrüsen der Haut. Etwa 98 Prozent des Schweißes bestehen aus Wasser, der Rest aus Giftstoffen wie Salz, Schwermetalle und Nikotin sowie aus Umweltgiften. Dampfbäder eignen sich auch sehr gut für Sportler, weil sie die Milchsäure ausschwemmen, die Muskelkater verursacht.

Saunas

Die moderne Sauna spiegelt uralte Bräuche von Naturvölkern wider, die abwechselnd in heißen Quellen und eiskalten Flüssen oder Seen badeten. Dampfbäder sind in Nord- und Südamerika, Rußland und Finnland seit Jahrhunderten oder gar seit Jahrtausenden üblich. Nach dem Dampfbad steigt man gewöhnlich in ein Becken mit kaltem Wasser, nimmt eine kalte Dusche oder wälzt sich im Schnee. Der Temperaturunterschied kurbelt den Kreislauf an, steigert die Energie und löst ein Gefühl der Euphorie aus.

Die finnische Sauna verbindet trockene Hitze, Dampf, Abkühlung in kaltem Wasser und, wenn möglich, Massage. Die Sauna ist ein Raum, der meist aus Kiefernholz hergestellt wird. Darin brennt ein kleines Kohlenfeuer, auf das man gelegentlich Wasser schüttet, um die Temperatur zu erhöhen und Dampf zu erzeugen. Vor dem Betreten der Sauna nehmen die Finnen gerne ein trockenes Hitzebad von zehn Minuten Dauer, damit das Schwitzen beginnt. Dann gehen sie mit einem kleinen Eimer Wasser in die Sauna. Mit Birkenzweigen spritzen sie Wasser auf die Kohlen und peitschen damit sanft den Körper, um die Durchblutung anzuregen. Dadurch strömt Blut an die Oberfläche, der Schweiß fließt reichlicher, so daß die Haut entgiftet wird. Nach 30 Minuten springen die Finnen in ein Becken mit kaltem Wasser. Das ist eine sehr angenehme Erfahrung (nach dem anfänglichen Schock), und die Finnen kehren gerne ein paarmal in die Sauna zurück – oft nach einer Massage –, um das Ganze zu wiederholen.

Heiliger Schweiss

Die Schwitzhütte hat bei den Riten vieler Indianerstämme immer eine wichtige Rolle gespielt. Die Indianer glauben, daß das Wasser nicht nur den Körper am Leben hält, sondern auch die Seele. Darum sind Schwitzhütten bei New-Age-Gruppen ebenfalls beliebt.

Die Teilnahme an dieser Schwitzkur, die reinigen und läutern soll, ist eine rituelle Handlung, deren Folge ein neues Selbstgefühl ist. Die Reinigung geht mit Kontemplation einher, und die Teilnehmer spüren eine tiefe Verbundenheit mit den anderen und mit den Geistern der Natur.

Türkische Bäder

Türkische Bäder oder Hammams sind trockene Hitzebäder, denen in der Regel ein Bad oder eine Dusche und eine Massage folgen. Sie gehen auf die sinnlichen Bäder der frühen islamischen Kultur zurück, die großen Wert auf Sauberkeit legten und den Körper als Tempel der Seele betrachteten. Die ursprünglichen Hammams waren seit 500 v. Chr. in der byzantinischen Welt beliebt und dienten der körperlichen und spirituellen Reinigung. Sie bestanden aus mehreren Kammern und Hallen mit Behandlungsräumen für Massagen, Schlammpackungen und Bürstenmassagen. Manche Frauen verbrachten den ganzen Tag in ihrem Hammam, entspannten sich, ließen sich massieren und einölen und genossen den Klatsch mit den anderen.

Hammams gibt es heute noch, und manche wurden restauriert und strahlen im alten Glanz. Ein Besuch im Hammam ist ein sinnlicher Luxus, vergleichbar mit einem Tag in einem exklusiven Gesundheitszentrum. Es gibt heiße und kalte Räume, heiße und kalte Becken, Massage, Aromatherapie und Schlammpackungen.

Sie können die heilende Wirkung verstärken, wenn Sie ein paar Tropfen aromatisches Öl in das Wasser träufeln, das Sie auf die Kohlen in der Sauna spritzen.

Kiefernöl wirkt antiseptisch und entwässernd, und es befreit die Atemwege. Da es die Adrenalinproduktion anregt, hilft es auch gegen Müdigkeit.

Lavendelöl beruhigt die Nerven und lindert Hautkrankheiten.

Eukalyptusöl wirkt antiseptisch.

Ingweröl stimuliert den Kreislauf.

Pfefferminzöl regt die Verdauung an.

Rosmarinöl hilft bei Muskelschmerzen, Rheuma und Arthritis.

Floating

Floating („Treiben“ oder „Schweben“) ist eine Therapie, die im Westen immer beliebter wird, vor allem als Mittel gegen den Streß des modernen Lebens. Die meisten Menschen können davon profitieren; aber Sie sollten darauf verzichten, wenn Sie an Epilepsie, Schizophrenie, Nierenstörungen, akuten Hautkrankheiten oder Pilzinfektionen leiden.

Floating-Tanks wurden zuerst in Australien und Amerika populär, und seit einiger Zeit gibt es sie auch in Europa. Der Badende liegt in einem verschlossenen, dunklen Tank in 25 Zentimeter tiefem Wasser, das etwa 300 Kilo Bittersalz enthält und daher sehr tragfähig ist. Bittersalz wirkt stark entgiftend und entwässernd; denken Sie also daran, den Wasserverlust zu ersetzen. Ziehen Sie sich warm an, bevor Sie Ihre tägliche Arbeit wiederaufnehmen. Sie werden sich anfangs ein wenig schwach fühlen und können sich leichter erkälten. Also Vorsicht!

Das Floating verringert den Blutdruck, den Puls und die Aktivität des Gehirns und harmonisiert die rechte und die linke Gehirnhälfte, so daß Sie klarer und kreativer denken können. Wenn Sie im Salzwasser treiben, produziert der Körper weniger Streßhormone und mehr Endorphin. Das Bad lindert Schmerzen aller Art und die Symptome der Multiplen Sklerose, der Arthritis und der Meningitis. Ein Zentrum in London experimentiert mit Floating zur Steigerung des Lernvermögens.

Manche Menschen fürchten, der Aufenthalt in dem Tank werde bei ihnen Klaustrophobie auslösen; doch solche Ängste legen sich meist schnell, und die Badenden genießen die innere Harmonie. In den ersten zehn Minuten wird gewöhnlich beruhigende Musik gespielt, und die meisten Leute schlafen ein.

Das Bad dauert etwa eine Stunde, und die Badenden sind während dieser Zeit völlig von der Welt losgelöst und vergessen ihre alltäglichen Sorgen. Dadurch erreichen sie einen tieferen Bewußtseinszustand. Manche glauben, der Tank wecke die Erinnerung an den Mutterleib und das sei der Grund für die totale Entspannung. Wasser, das universelle Lösungsmittel, ist bei Körpertemperatur offenbar in der Lage, seelische Blockaden zu lösen.

So floaten Sie richtig

Vor dem Floaten

- *Suchen Sie das Floating Center sorgfältig aus, und sehen Sie sich um, wenn Sie ängstlich sind.*
- *Achten Sie darauf, daß Sie mindestens zwei Stunden Zeit haben, damit Sie das Bad wirklich genießen können.*
- *Rasieren Sie sich am Tag des Floatens nicht – es könnte schmerzen.*
- *Essen Sie vorher nur wenig. Verdauungsbeschwerden stören das Erlebnis.*
- *Meiden Sie am Tag vor dem Floaten Anregungsmittel wie Alkohol und Kaffee.*
- *Entfernen Sie vorher Kontaktlinsen, und bedecken Sie Schnitt- oder Schürfwunden mit Vaseline.*

Während des Floatens

- *Wenn Sie im Tank sind, legen Sie sich bequem auf den Rücken, und zappeln Sie nicht zu sehr herum – Salzwasser beruhigt sich nur langsam.*
- *Erwarten Sie nicht, sofort völlig entspannt zu sein.*
- *Sie brauchen nicht in totaler Finsternis zu verharren. Wenn Sie es vorziehen, können Sie bei sanftem Licht baden.*
- *Machen Sie es sich in der Mitte des Tanks bequem, damit Sie nicht an der Wand anstoßen.*
- *Atmen Sie tief, denken Sie an etwas Entspannendes.*
- *Wenn Sie mit gekrümmtem Rücken im Wasser geschwebt haben (viele tun das), strecken Sie sich ausgiebig, bevor Sie den Tank verlassen.*

Nach dem Floaten

- *Nehmen Sie sich Zeit für die Erholung.*
- *Es kann sein, daß Sie von Gefühlen überwältigt sind. Warten Sie, bis sie sich beruhigt haben.*
- *Trinken Sie reichlich Wasser.*

Gut in Form mit Wassergymnastik

Viele Kurkliniken desinfizieren ihre Schwimmbecken mit Ozon. Dadurch wird das Wasser mit Sauerstoff angereichert, was die Ausscheidung von Giftstoffen fördert. Manchmal wird auch verdünntes Wasserstoffperoxid, ein starkes natürliches Desinfektionsmittel, benutzt.

Wenn Sie in der Nähe eines Schwimmbades wohnen, ist das Wasser für Sie ein ideales Medium, um fit zu bleiben oder zu werden.

Lassen Sie sich nicht davon abschrecken, daß das Wasser in öffentlichen Bädern desinfiziert werden muß, meist mit Chlor und anderen Chemikalien. Seien Sie sich dessen aber bewußt. Schützen Sie die Haut vor dem Bad mit einer guten Feuchtigkeitscreme, damit Sie weniger Chlor absorbieren, und duschen Sie nach dem Bad sofort. Hängen Sie einen Beutel mit Salz aus dem Toten Meer und Talkum (siehe Seite 126) unter den Duschkopf, um das Wasser und sich selbst zu reinigen und zu beleben.

Da das Wasser Ihr Gewicht trägt, sind die Gelenke besser vor Verletzungen geschützt. Der Wasserdruck zwingt die Muskeln, härter zu arbeiten, als wenn Sie zu Hause Gymnastik machen.

Fangen Sie mit einem behutsamen Aufwärmen an – mit ein paar Beinschlägen, Kopfdrehungen und Schulterrollen –, um locker zu werden. Wassergymnastik ist besonders nützlich, wenn Sie an Arthritis oder steifen Gelenken leiden, aber auch dann, wenn andere Übungen für Sie schwierig oder mit Schmerzen verbunden sind. Sie lindert außerdem Streß und hilft Ihnen abzunehmen.

Watsu

Wasser befreit den Körper. In Kalifornien wurde Watsu entwickelt, eine Form des Shiatsu im Wasser. Diese orientalische Therapie zielt darauf ab, die Meridiane des Körpers zu harmonisieren. Watsu umfaßt sanftes Drücken, passive Bewegungen und Gymnastik. Man übt meist mit einem Partner. Es ist eine wundervolle Methode, um Streß und körperliche Beschwerden zu lindern.

Die östliche Medizin bemüht sich vor allem um eine optimale Versorgung mit *Chi*. Therapeutische Manipulationen setzen verborgene Kräfte frei, die das Wohlbefinden verbessern. Im Wasser ist der Körper nicht nur schwerelos und daher geschmeidiger als auf einer Matte, sondern die Energie des Wassers kann blockierte Energiekanäle befreien.

Verbesserung des Allgemeinzustandes

Strecken Sie sich, und gähnen Sie, bevor Sie ins Becken steigen. Heben Sie die Arme, und atmen Sie dabei ein; lassen Sie dann die Arme kreisen. Spüren Sie, wie Energie durch den Körper strömt, wenn Sie ausatmen?

Wassergymnastik erlaubt Bewegungen, die an Land zu anstrengend oder schmerzhaft wären. Das Wasser trägt 90 Prozent Ihres Gewichts, so daß die Gelenke kaum belastet werden. Übungen im Wasser eignen sich auch für Menschen, die sich von Verletzungen erholen oder an Übergewicht, Arthritis, Muskel- oder Knochenkrankheiten, Multipler Sklerose oder Osteoporose leiden. Schwangere können im Wasser üben, ohne auf das Ungeborene Druck auszuüben.

Legen Sie sich im Wasser auf den Rücken. Der Partner stützt Sie leicht mit einem Arm. Er hebt Ihren Arm und führt ihn über den Kopf und dann in einem Bogen wieder an die Seite. Danach massiert er sanft die Innenseite Ihres Armes mit der Handfläche von der Schulter bis zum Handgelenk.

Nun geht der Partner an Ihre andere Seite, stützt Sie sanft mit einem Arm und wiederholt die Übung.

Jetzt hebt der Partner Ihr rechtes Bein, beugt es nach oben an Ihre Brust und dreht es hin und her, ehe er es in einer entspannten Position liegen läßt. Dann massiert er sanft die Innenseite des Beines mit der Handfläche.

Wenn der Partner beide Beine auf die beschriebene Art und Weise bearbeitet hat, können Sie sich entspannen und ein paar Minuten auf dem Wasser treiben lassen, bevor Sie die Rollen tauschen.

Wassergehen

Gehen im tiefen Wasser ist ein gutes Training für die Beine, da sie den Wasserdruck überwinden müssen. Es ist auch eine gute Übung für die Bauchmuskeln. Wenn Sie dabei die Arme nach vorne stoßen und kreisen lassen, trainieren Sie auch die oberen Rückenmuskeln und die Brustmuskeln.

Laufen in tiefem Wasser

Machen Sie im tiefen Wasser Bewegungen wie beim Laufen oder Radfahren. Die Hände sorgen dafür, daß Sie auf dem Rücken liegen bleiben. Dadurch trainieren Sie die Bein- und Armmuskeln. Diese Übung baut Fett ab und fördert die Funktion des Herzens und der Lungen.

Beine heben

Halten Sie sich am Beckenrand fest, heben und senken Sie die gebeugten Beine. Die Muskeln an der Hüfte spannen sich an, wenn Sie das Bein heben, die Gesäßmuskeln kontrahieren, wenn Sie es senken.

Bäder gegen häufige Beschwerden

Bäder können von großem therapeutischen Wert sein und die Abwehrkräfte steigern. Wenn Sie sich über Ihren Gesundheitszustand und über die Wirkung einer Therapie nicht im klaren sind, sollten Sie jedoch vorher einen Arzt konsultieren.

Wichtige Hinweise

- *Salzwasser ist ein gutes Tonikum, das vor allem Hautkrankheiten lindert. Es wirkt antiseptisch und heilt Wunden.*
- *Warmes Wasser beruhigt und entspannt.*
- *Dampf fördert die Durchblutung der Haut und das Schwitzen. Es befreit die Atemwege.*
- *Bäder im Whirlpool entspannen und beleben zugleich. Sie lockern steife Gelenke und lindern Muskelschmerzen.*
- *Duschen geben Energie und verbessern den Allgemeinzustand.*
- *Kaltes Wasser heilt, belebt und stärkt die Abwehr gegen Krankheiten. Es reduziert Fieber, lindert Durst und fördert die Ausscheidung von Schlacken. Es regt an, entwässert, lindert Schmerzen und verringert die Durchblutung von verletztem Gewebe. Kaltes Wasser stimuliert das Immunsystem und härtet ab. Es bewirkt, daß die oberflächlichen Blutgefäße sich verengen, so daß mehr Blut in die inneren Organe fließt. Die geringere Durchblutung hemmt biochemische Prozesse, die zu Entzündungen führen. Da kaltes Wasser die Temperatur eines Körperteils senkt, verlangsamt es den Stoffwechsel und verringert den Sauerstoff- und Nährstoffbedarf der Zellen.*
- *Heißes Wasser entspannt und fördert das Schwitzen, das den Körper von innen her reinigt. Es erweitert die Blutgefäße, senkt den Blutdruck und fördert die Durchblutung der Haut und der Muskeln. Dadurch wird der Kreislauf angeregt, und die Muskeln lockern sich. Das Immunsystem wird ebenfalls stimuliert, und das Gewebe wird besser mit Sauerstoff und Nährstoffen versorgt, so daß es Schäden reparieren und Schlacken ausschwemmen kann.*
- *Heiße und kalte Bäder regen den Kreislauf an. Wenn Sie abwechselnd heiß und kalt baden, regen Sie die Hormondrüsen an, lindern Durchblutungsstörungen und harmonisieren den Blutdruck, weil die Gefäße sich verengen und erweitern. Diese Bäder lindern Entzündungen, da sie die betroffene Stelle entspannen und zusammenziehen. Zudem erhöhen sie das elektrische Potential des Körpers und dadurch seine Fähigkeit, Schwingungen aufzunehmen, und sie stimulieren das Lymphsystem, so daß es mehr Schlacken ausscheidet.*

Wenden Sie nie Wärme bei akuten Verletzungen an. *Wärme fördert die Durchblutung und den Stoffwechsel, die Entzündungsreaktion und die Produktion von Gewebeflüssigkeit.*

Kompressen

Kompressen werden oft zum Bad benutzt, um Schmerzen zu lindern, Wunden zu heilen und die seelische und körperliche Energie wiederherzustellen.

- *Kalte Kompressen bringen Blutungen zum Stillstand, lindern Schmerzen nach Verletzungen und Gelenkschmerzen, befreien verstopfte Nasen- und Stirnhöhlen und hemmen Entzündungen. Man kann sie einfach (zum Kühlen) oder doppelt (zum Erwärmen) auflegen. Wenn Sie ein trockenes Tuch auf eine kalte Kompresse legen, kann das Wasser nicht verdunsten. Eiskompressen eignen sich für Wunden, Verstauchungen und Zerrungen. Legen Sie aber niemals Eis direkt auf die Haut.*
- *Heiße Kompressen lindern Schmerzen, fördern das Schwitzen, verbessern die Durchblutung und lindern rheumatische Beschwerden.*

Sauna, Whirlpool und Wasserkuren

- *Die Sauna fördert die Durchblutung, lindert Schmerzen und Atembeschwerden und entgiftet. Trinken Sie nach der Sauna mehrere Gläser Wasser mit einer Priese Meersalz und einem Teelöffel Ahornsirup oder Honig.*
- *Whirlpools helfen vor allem bei Muskelbeschwerden. Das sprudelnde Wasser entspannt und belebt zugleich; es massiert den Körper sanft und stimuliert die Nerven. Wenn Sie Kräuter ins Wasser geben, dann nur alkoholische Tinkturen, keine Öle, damit die Wasserdüsen nicht verstopft werden. Nehmen Sie Arnika bei Schmerzen und Zerrungen, Haselnußblätter für den Kreislauf, Johanniskraut bei Nervenschmerzen oder –schäden, Baldrian zur Beruhigung der Nerven und Passionsblume für einen guten Schlaf.*
- *Wasserkuren helfen bei zahlreichen Beschwerden und verbessern den Allgemeinzustand. Wenn Sie keine Kurklinik besuchen können, kuren Sie einfach zu Hause: Geben Sie Salze, Öle und Kräuter ins Badewasser, ändern Sie den Druck der Dusche, verabreichen Sie sich selbst eine Schlammpackung, oder füllen Sie das Badezimmer mit aromatischem Dampf.*

Wasseranwendungen bei häufigen Beschwerden

Angst

Siehe Streß.

Arthritis

Dampfbad, kalte Doppelkompressen, Wasserkur, Sauna, Schlammpackung oder –bad, Floating.

Asthma

Wasserkur, Abbürsten.

Atemwegserkrankungen

Türkische Bäder oder Dampfbäder mit Blüten (trockene Hitze fördert die Entschlackung), Sauna mit Kiefernöl in dem Wasser, das Sie auf die Kohlen gießen (das Öl befreit die Atemwege).

Augenbeschwerden

Baden Sie die Augen in warmen Tees aus Augentrost oder Echinacea bei Müdigkeit. Wenn Sie an Allergie leiden, nehmen Sie Tees aus Kamille oder Schafgarbe oder legen Kamillen im Teebeutel auf.

Bisse und Stiche

Kalte Kompressen mit Melissenöl.

Bronchitis

Dampfbäder.

Depressionen

Wasserkur, belebende Dusche, kalte Fußbäder, kalte Kompressen auf der Stirn, warmes Bad mit Basilikumöl.

Durchfall

Kalte Bäder mit Heublumen oder Apfelessig.

Ekzeme

Baden in Meerwasser, Baden mit Salz aus dem Toten Meer, Wasserkuren, Sauna.

Erkältung

Sauna. Die feuchte Hitze befreit blockierte Energie.

Hämorrhoiden

Abwechselnd heiße und kalte Bäder.

Hautkrankheiten

Baden im Meer, Bäder mit Salz aus dem Toten Meer, Wasserkur, Gesichtssauna oder Dampfbäder (bei Mitessern und verstopften Poren geben Sie einige Tropfen Patschuliöl ins Wasser; es hilft gegen Bakterien und Pilze).

Hautreizung

Warme oder kalte Hafermehlbäder (schütten Sie mehrere Handvoll ungekochtes Hafermehl in einen Musselinbeutel, und hängen Sie ihn an den Wasserhahn, so daß das Wasser durchläuft; danach benutzen Sie den Beutel als Schwamm). Kalte Kompressen kühlen das Blut und lindern Entzündungen. 1-2 Tropfen Geranienöl im Wasser verstärken die Wirkung.

Ischias

Heiße Kompressen und danach eine kurze kalte Dusche, Schlammbäder, Dampfbäder mit Blüten.

Kopfschmerzen

Kalte Kompressen auf dem Nacken bei Spannungsschmerzen, kalte Kompressen auf der Stirn bei pochenden Schmerzen (geben Sie einen oder zwei Tropfen Kamillenöl ins Wasser), warme Fußbäder (decken Sie die Schüssel und die Füße mit einem Handtuch zu, damit die Wärme nicht entweicht, und geben Sie bei Nebenhöhlenbeschwerden 2-3 Tropfen Kiefernöl und bei Verdauungsbeschwerden 2-3 Tropfen Pfefferminzöl ins Wasser).

Kreislaufstörungen

Wasserkuren. Sauna ist besonders wirksam in Verbindung mit kalten Duschen. Whirlpool, abwechselnd heiße und kalte Duschen. Streuen Sie Ingwer ins Badewasser. Warme Fußbäder: Decken Sie Schüssel und Füße mit einem Handtuch zu, damit die Hitze nicht entweicht; bei Frostbeulen und schlechter Durchblutung geben Sie 2 Teelöffel Senfpulver ins Wasser.

Magenschmerzen

Heiße, flache Bäder lindern Schmerzen im Becken- und Bauchraum rasch.

Menstruationsbeschwerden

Heißes, flaches Bad.

Müdigkeit

Kalte Doppelkompressen auf den Füßen mit Apfelessig oder Kräutern im Wasser, kalte Fußbäder, Sauna (geben Sie Kiefernöl in das Wasser, das Sie auf die Kohlen gießen; es regt die Adrenalinproduktion an), kalte Bäder, Baden in Meerwasser, Dampfbad mit Blüten, Floating.

Muskelkrämpfe, Muskelschmerzen

Warme Bäder, warme Kompressen, Whirlpool, Wasserkur, Schlammbäder oder -packungen, Floating.

Rheuma

Whirlpool, Wasserkur, Schlammbäder oder -packungen, Floating, heiße Kompressen oder heiße Wasserflasche auf den schmerzenden Stellen.

Rückenbeschwerden

Wasserkur, Floating, Schlammbäder.

Scheidenentzündung

Warme Bäder mit Apfelessig.

Schlacken

Zur Entschlackung heiße Bäder mit einer Tasse Bittersalz, Floating, Wasserkuren, vor allem mit Algen und Schlamm.

Schlafstörungen

Ein warmes Bad vor dem Zubettgehen mit ein paar Tropfen Öl aus Myrrhe, Kamille, Baldrian oder Passionsblume, wenn Sie überaktiv sind.

Streß, Verspannungen, Angst

Bäder (lauwarm oder Körpertemperatur) mit einigen Tropfen Rosenöl, anschließend kalt baden. Warme Duschen beruhigen die Nerven. Heiße Kompressen an der Wirbelsäule. Dampfbäder für die Hände mit einigen Tropfen Myrrhenöl. Farbbäder oder Aura-Soma. Floating. Kalte Kompressen an der Stirn helfen bei seelischer Erschöpfung und Depressionen. Sie können in jedes Bad geeignete Bachblütenarzneien geben.

Verbrennungen

Kaltes Wasser, gefolgt von kalten Kompressen. Sobald die Verbrennung zu heilen beginnt, mehrere Tropfen Weizenkeimöl auftragen – das darin enthaltene Vitamin E verhindert Narbenbildung.

Verstauchungen und Zerrungen

Eiskompressen, abwechselnd heiße und kalte Kompressen mit Arnikatinktur fördern die Heilung (legen Sie die kalte Kompresse zuerst auf).

Verstopfung

Flaches, kaltes Bad. Geben Sie einen Teelöffel Vitamin C ins Wasser, um Infektionen der Geschlechtsorgane oder Blasenentzündung zu heilen, oder träufeln Sie ein paar Tropfen Eukalyptus-, Wacholder- oder Kamillenöl ins Wasser.

Wunden

Baden Sie die Wunde zuerst in kaltem Salzwasser, um sie zu desinfizieren. Baden Sie danach regelmäßig mit Ringelblumentinktur. Eiskompressen lindern den Druck auf die Kapillaren und die Blutung im Gewebe. Behandeln Sie Wunden nie mit heißem Wasser, das würde die Blutung verstärken.

Zahnschmerzen

Abwechselnd heiße und kalte Fußbäder.

Zystitis

Heißes, flaches Bad oder neutrales Bad mit einer Tasse Apfelessig oder einigen Tropfen Teebaumöl.

Kinderkrankheiten

Fieber

Bäder in lauwarmem Wasser mit Kräutertee im Wasser (Kamille, Schafgarbe, Holunder- oder Lindenblüten und Echinacea zur Stärkung des Immunsystems). *Siehe auch Kneippbäder, Seite 115.*

Kehlkopfdiphterie

Dampfbäder mit Öl oder Tee aus Kiefer, Eukalyptus, Lavendel, Kamille oder Katzenminze. Heiße Kräuterbäder vor dem Schlafengehen.

Keuchhusten

Hand- und Fußbäder mit starkem Kräutertee (im Anfangsstadium Thymian, Echter Atlant, Huflattich, später Thymian, Zypresse, Eukalyptus, Lavendel oder Majoran).

Kolik

Warme Kompressen auf dem Bauch mit verdünntem Kamillen-, Lavendel-, Zitronenmelissen- oder Fenchelöl zur Entspannung der Eingeweide. Warme Kompressen auf der Brust.

Schlafstörungen

Warme Kräuterbäder mit verdünntem Lavendel- oder Kamillenöl oder mit starkem Kräutertee (Lindenblüten, Katzenminze oder Zitronenmelisse).

Erste Hilfe

Bluterguß

Kalte Kompressen mit Tee aus Haselnußblättern, Ringelblume oder Arnika.

Halsentzündung

Kalte Doppelkompressen.

Kleine Kratzer und Wunden

Regelmäßige Bäder in kaltem Wasser mit Ringelblume oder Myrrhe.

Nasenbluten

Kalte Kompressen mit Tee aus Haselnußblättern oder Schafgarbe, kalte Handbäder.

Schwellungen

Kalte Kompressen mit Heublumen.

Sonnenbrand

Kalte Kompressen. Wenn die Haut sich abzukühlen beginnt, Aloe-Vera-Gel auftragen.

Was gehört in den Badezimmerschrank?

Ätherische Öle und Kräuter fürs Bad

Arnika: *Tinktur in Kompressen bei Schock und Bluterguß.*

Basilikum: *antiseptisch, hilft bei Depressionen.*

Echinacea: *stärkt das Immunsystem.*

Eukalyptus: *antiseptisch und antibiotisch.*

Geranie: *Hauttonikum, regt die Adrenalinproduktion an, fördert die Wundheilung.*

Heublume: *lindert Allergien.*

Ingwer: *regt den Kreislauf an.*

Kamille: *beruhigt, fördert den Schlaf, lindert Schmerzen, wirkt antibakteriell.*

Kiefer: *entwässert, befreit die Atemwege.*

Lavendel: *beruhigt, gut bei Hautkrankheiten, antiseptisch.*

Myrrhe: *beruhigt.*

Pfefferminze: *regt die Verdauung und das Nervensystem an.*

Rosmarin: *gut bei Muskelschmerzen, Rheuma und Arthritis. Lindert hormonelle Störungen, da es die Adrenalinproduktion anregt.*

Thymian: *stimuliert und wirkt antiseptisch.*

Zutaten für Wasseranwendungen

Aloe-Vera-Gel
Apfelessig
Aromatherapie-Verdampfer
Aura-Soma-Arzneien
Bachblütenarzneien
Badekissen
Badethermometer
Bittersalz
Blütenöle
Bürsten
Duschköpfe *(verschiedene Köpfe, um den Wasserdruck zu regulieren)*
Hafermehl
Kräuterseife
Luffa-Schwamm
Meeresprodukte: *Algen und Schlamm für die Hautpflege*
Musselintücher
Notfalltropfen *(Gemisch aus Bachblütenarzneien, ideal bei Schocks)*
Rosenwasser
Salz vom Toten Meer
Senfpulver
Talkumpulver *(nicht parfümiert)*
Zaubernuß

Informationen

Geräte, die Elektrosmog beseitigen:
Informationen geben Ihnen Ökoinstitute in Ihrer Nähe.

Cymatik:
Erkundigen Sie sich bei Heilpraktikern oder Körpertherapeuten.

Filter und Filtersysteme:
Auskünfte erhalten Sie in Läden für Sanitäranlagen, aber auch bei Ökoinstituten in Ihrer Nähe.

Floating:
Erkundigen Sie sich bei Heilpraktikern oder Körpertherapeuten.

Kurorte/Kurlaub:
Informationen finden Sie in Reisebüros oder Reiseführern. Sie können natürlich auch Ihren Arzt fragen.

Meeresprodukte für die Hautpflege:
Erhältlich u.a. in Drogerien, Apotheken und Reformhäusern.

Salz vom Toten Meer:
Erhältlich u.a. in Drogerien, Apotheken und Reformhäusern.

Aura Soma

Aura Soma ist eine Therapie mit Farben, die aus der lebenden Energie von Pflanzen, Mineralien und Licht stammen. Die flüssigen Farbkombinationen werden hergestellt, indem man das Öl einer Pflanze mit ihrem Wasser verbindet und die Energie von Kristallen und Edelsteinen sowie von Farben und Licht hinzufügt.

Die 96 Farbkombinationen werden für verschiedene Stadien des seelischen und körperlichen Wachstums empfohlen. Sie helfen, seelische und körperliche Bedürfnisse zu harmonisieren.

Wählen Sie Ihre Farbkombination aus, und schütteln Sie die Flasche einige Sekunden, um Öl und Wasser zu mischen. Träufeln Sie dann einige Tropfen ins Bad. Beim Mischen vereinigen sich die Energien der Pflanzen und Mineralien, und diese Harmonie überträgt sich auf das Wasser.

Aura-Soma-Farben werden aus Pflanzen und Mineralien hergestellt. Sie sind magnetisch und elektrisch ausgewogen und sind eine direkte und wirksame Methode, um Gefühle und Energien zu harmonisieren.

Danksagungen

Danksagungen des Autors

Christopher Seebach sagte einmal, ich sei „wie ein Glas trübes Wasser". Ich bin ihm dankbar dafür, daß er Stunden damit verbrachte, mich zu inspirieren, bis ich etwas weniger trüb war und den Wunsch verspürte, mehr zu wissen.

Großen Dank schulde ich Jane Waters für ihre Begeisterung, ihr Wissen und ihre Unterstützung. Sie zeigte mir Wege, die ich alleine nicht gefunden hätte, und vermittelte mir Einsichten, die ich alleine nicht gewonnen hätte.

Ich danke allen, die mithalfen, Material für dieses Buch zu sammeln und es zu verbessern, vor allem Patrice Bouchardon, Jennifer Greene, Alan Hall, Sandra Gibbons, Julian Jones, Merrily Lovell, Sir Peter Guy Manners und John Wilkes. Danke auch allen, die mir Artikel, Bänder oder ermutigende Worte sandten.

Dem Team von Gaia Books danke ich für seine Geduld, besonders Lucy Guenot, die mir half, den Stoff zu ordnen, und Pip Morgan, der höchst effektiv die Peitsche schwang (obwohl ich nicht immer der Meinung war, sie zu brauchen) – danke, Pip!

David Cavagnaros Fotos machen dieses Buch zu etwas Besonderem; dafür danke ich ihm. Und natürlich bedanke ich mich bei den Freunden, die ich in zahlreiche wässerige Gespräche verwickelt habe, ganz besonders bei meiner Familie, die keine andere Wahl hatte, als mich zu erdulden.

Nachweis der Fotos

Alle Fotos von David Cavagnaro, außer:
S. 6-7, 62, 103 Robert Ayres; S. 27 Adam Woolfitt, Robert Harding; S. 30/1 Sheridan/ Ancient Art and Architecture; S. 39 Ernst Haas, Hulton Getty; S. 59 Mehau Kulyk, Science Photo Library; S. 83 Images; S. 126-7 Perlstein © Jerrican; S. 135 Andrea Stern, Robert Harding; S. 138-8 Robert Frerck, Robert Harding; S. 146-7 P. Underwood, Robert Harding.

Literaturverzeichnis

Allgemeine Nachschlagewerke:

Das sensible Chaos, Theodor Schwenk, Freies Geistesleben, Stuttgart, 1995

Water, Elextricity and Health, Alan Hall, Hawthorn Press, Stroud 1998

Living Energies, Callum Coates, Gateway Books, Bath 1995

Water, Ice and Stone, Bill Green, Harmony Books, New York 1995

Living Water, Olof Alexandersson, Gateway Books, Bath 1996

Water, The Element of Life, Theodor Schwenk und Wolfram Schwenk, Anthroposophic Press, New York 1989

Das Gedächtnis des Wassers, Michel Schiff, Zweitausendeins, Frankfurt, 1997

Water, Luna B. Leopold und Kenneth S. Davis, Time Life Books, 1980

L'Eau, Le Miracle Oublié, Jacques Collin, Guy Trédaniel Editions, Paris 1993

In Search of Nikola Tesla, David Peat, Ashgrove Press, Bath 1983

The Feminisation of Nature, Deborah Cadbury, Hamish Hamilton, London 1997

Geometrie des Lebendigen, Lawrence Edwards, Freies Geistesleben, Stuttgart, 1986

The Book of Crystal Healing, Liz Simpson, Gaia Books, London 1997

Vibrational Medicine, Richard Gerber, Bear and Company, New Mexico 1988

Tesla, John O'Neill, Zweitausendeins, Frankfurt, 1997

Wassertherapie

Wasser – die gesunde Lösung, F. Batmanghelidj, VAK, Freiburg, 1997

Water, Healer or Poison, Jan de Vries, Mainstream Publishing, Edinburgh 1990

The Complete Book of Water Therapy, Dian Dincin Buchman, Keats Publishing, Connecticut, USA, 1994

Wassertherapie zu Hause, Leon Chaitow, Econ, Düsseldorf, 1995

Pleasures of the Japanese Bath, Peter Grilli, Weatherhill, New York 1992

Restore Your Health the Dead Sea Way, Sandra Gibbons, Green Library, Chertsey 1994

The Golden Door Book of Beauty and Health, E. Szekely, Prentice Hall, New Jersey, USA, 1961

Book of Floating, Michael Hutchinson, Wm Morrow and Sons, 1996

Fodor's Healthy Escapes, Fodor's Travel Publications Inc, New York und London 1996

Beautiful Spas and Hot Springs of California, Stanley Young, Chronicle, San Francisco 1998

Healthy Breaks in Britain and Ireland, Catherine Beattie, Discovery Books, 1994

Ausgewählte Artikel

„*Transfer of the molecular signal by electronic amplification*". Forschungsbericht von J. Benveniste, J. Aissa, M. H. Litime, G. Th. Tsangaris und Y. Thomas, vorgelegt auf der Konferenz „Experimentelle Biologie 94" in Anaheim, Kalifornien

„*Water Treatment in the light of new facts*", Klaus Kronenberg, Claremont, Kalifornien

„*Does Magnetic Water treatment influence precipitation of calcium carbonate from supersaturated solutions?*", Frank Torbjorn Ellison und Hans Kristiansen, Norwegisches Institut für Wasserforschung, Vatten 4, 1979

„*Which? Report on Bottled Water*", Mai 1995

„*Testing the Waters*", Mason Finks, Green Alternatives, USA, Februar 1993

„The Alchemy of Water", Psychic Research Newsletter, Bd. 3, Nr. 2, März 1986

„Fluoridation", Sheila Gibson, Positive Health, Dezember 1997

„Water, the sense organ for the life on Earth", Jennifer Greene, Journal of Borderland Research, November 1991

Register